最新版

圖解

法學博士
錢世傑 著

個人資料
保護法

維護權益的第一本書

序

個人資料保護法嚴峻考驗的時代來臨

個人資料保護法的通過,是我國隱私權保護的一大里程碑。過去空有電腦處理個人資料保護法(84年),但民眾的個人資料受到侵害時,卻因為舊法限制了賠償主體的範圍以及舉證上的困難,讓法律規定如同無用的機器般一直在那邊空轉。此次個人資料保護法之修正,擴大主體之適用範圍,連自然人也成為規範之對象,舉證責任也轉換由擁有個人資料的企業主提出,配合上通知義務、高額的民事賠償責任,都讓許多企業積極地注意到個人資料保護的議題。

缺乏簡單易懂且具有實用性的書籍

過去有關於個人資料保護的書籍非常少見,撰寫的內容也較偏向學術性質,對於非法律背景出身的實務界人士,在閱讀上會覺得窒礙難懂。有鑒於此,雖然預估此一領域的需求量不是那麼高,但為了讓有需要者,可以擁有一本看得懂,能夠協助理解個人資料保護法規範的內容,還有一些過去法院判決的案例,以及現行實務該如何進行的參考的書籍,筆者還是利用多年編寫法律書籍的經驗,將個人對於個人資料保護法的理解,轉換成簡單易懂的文字與圖案,配合相關案例與具體的建議,讓實務界能輕鬆因應個人資料保護法時代的來臨。

隱私、電腦鑑識、數位證據的背景

筆者在研讀碩士的時候,本來是打算以「資訊隱私」為主題撰寫論文,也曾在法律期刊中投稿相關文章,但因緣際會地

轉寫更為專業的領域──「網路通訊監察」，此一議題仍然與隱私有關聯性。

後來，有幸與三民出版公司合作，於93年間，以資訊隱私為主題出版了一本書，算是在當時民眾還不重視隱私權的氛圍下，第一次出現比較輕鬆易懂的隱私書籍。後來筆者陸續以電腦鑑識、數位證據為主題進行研究，也順利取得法律、資訊雙碩士，並於民國100年，以數位證據為主題取得博士學位。

釐清一些法律上的模糊觀點

此次個人資料保護法的通過施行，剛好與電腦鑑識相互連結，使得電腦鑑識成為重要的顯學，也因為筆者在此領域著墨甚久，加上在許多研討會中發現許多專家誤解個人資料保護法之條文意義，也錯誤解釋該法與電腦鑑識之關聯性。為了避免政府機關、非政府機關在適用法律過程中產生錯誤的作為，進而導致不必要的投資與浪費，也無法達到個人資料保護的目的，遂起了念頭撰寫本書，希望能以個人所學，寫出一本可供各界先進參考的書籍，也對於個人資料的保護能有些許的貢獻。本書只能算是此一領域之拋磚引玉，也希望各界前輩不吝指正，讓個人資料保護法能在國內更成熟茁壯。

民國101年11月25日

目錄

I

[導 論]

本篇從國際間對於隱私權、個人資料保護之趨勢談起，接著引述國內立法院為了遵循國際基本原則所進行的修法，舊法(電腦處理個人資料保護法)難以適用於現代社會對於隱私權保護三要求，因此有必要進行調整。

本篇並介紹新法(個人資料保護法)的法律架構與修正重點。

1.

隱私權發展與立法目的

● 個人資料保護之發展

　　歐美各民主先進國家，鑑於濫用電腦處理個人資料而侵害當事人權益之情形日趨普遍、嚴重，已對個人隱私等基本人權造成重大危害；又因個人資料經由電腦處理可在國際間迅速流通，具有相當程度之國際性，國際經濟文化交流亦須互相交換資料，遂認有加以規範之必要。於是經濟合作暨發展組織(OECD)於西元(下同)1980年9月間通過管理保護個人隱私及跨國界流通個人資料之指導綱領，歐洲理事會亦於1981年完成保護個人資料自動化處理公約，並提出八項原則供各國參考。

　　80年代初期，我國在經濟發展、產業升級的過程中，由於個人資料經電腦處理後，具有相當程度之國際性，國際間互相交換個人資料應有所規範，且為保障人民隱私權益，並促進個人資料之合理利用，認為有制訂保護個人資料法之必要。遂於1995年8月11日總統公佈電腦處理個人資料保護法，並於2010年5月26修訂公佈為個人資料保護法(以下簡稱個資法)。

● 隱私權與個人資料

　　司法院釋字第603號解釋意旨，基於人性尊嚴與個人主體性之維護及人格發展之完整，並為保障個人生活私密領域免於他人侵擾及個人資料之自主控制，隱私權乃為不可或缺之基本權利，而受憲法第22條所保障。

個人資料保護法的規範行為

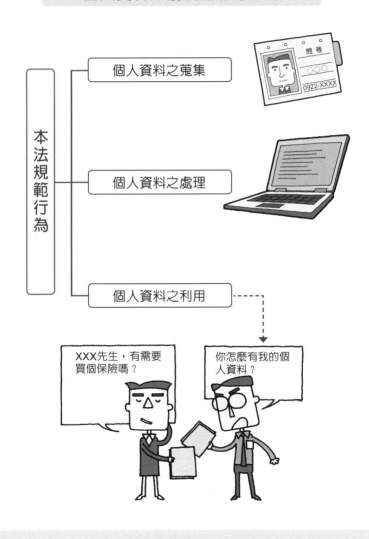

就個人自主控制個人資料之資訊隱私權而言，乃保障人民決定是否揭露其個人資料、及在何種範圍內、於何時、以何種方式、向何人揭露之決定權，並保障人民對其個人資料之使用有知悉與控制權及資料記載錯誤之更正權，乃明確當事人自行公開之方式。

● 水到渠成的發展

這幾年，國內隱私權的觀念快速發展，尤其是資訊隱私權更是有顯著的進步。還記得大約在2004年左右，六大電信資料外洩的事件，加上當時的各種詐騙事件頻傳，媒體更大幅度報導，都加速民眾對於個人資料保護的認知。

釋字第 603 號則是在2005年9月28日發布的解釋，捺指紋始核發身分證規定，欠缺法律的明文規定，即便有法律規定，還要其蒐集應與重大公益目的之達成，具有密切之必要性與關聯性，並應明文禁止法定目的外之使用。一連串的發展，也都促使個人資料保護法的修正。

● 立法目的

為規範個人資料之蒐集、處理及利用，以避免人格權受侵害，並促進個人資料之合理利用，特制定本法。(個資§1)

過去法律之名稱，稱之為「電腦處理個人資料保護法」，限於電腦處理的個人資料，但現在已經修改為「個人資料保護法」。

鑒於本法保護客體不再限於經電腦處理之個人資料，且本法規範行為除個人資料之處理外，將擴及至包括蒐集及利用行為，爰將本條修正為「為規範個人資料之蒐集、處理及利用」，法令也分別針對蒐集、處理及利用加以規範。

● 跟追權與新聞採訪自由

【案例事實】

　　蘋果日報社之記者分別於民國97年7月間二度跟追神通電腦集團副總苗華斌及其曾為演藝人員之新婚夫人，並對彼等拍照，經苗某委託律師二度郵寄存證信函以為勸阻，惟聲請人復於同年9月7日整日跟追苗某夫婦，苗某遂於當日下午報警檢舉；案經臺北市政府警察局中山分局調查，以聲請人違反系爭規定為由，裁處罰鍰新臺幣1500元。聲請人不服，依同法第55條規定聲明異議，嗣經臺灣臺北地方法院97年度北秩聲字第16號裁定無理由駁回，全案確定。該名記者遂主張有牴觸憲法第11條新聞自由、第15條工作權、第23條法律明確性、比例原則及正當法律程序等之疑義，聲請大法官會議解釋。

釋字第689號解釋文：

　　社會秩序維護法第89條第2款規定，旨在保護個人之行動自由、免於身心傷害之身體權、及於公共場域中得合理期待不受侵擾之自由與個人資料自主權，而處罰無正當理由，且經勸阻後仍繼續跟追之行為，與法律明確性原則尚無牴觸。新聞採訪者於有事實足認特定事件屬大眾所關切並具一定公益性之事務，而具有新聞價值，如須以跟追方式進行採訪，其跟追倘依社會通念認非不能容忍者，即具正當理由，而不在首開規定處罰之列。於此範圍內，首開規定縱有限制新聞採訪行為，其限制並未過當而符合比例原則，與憲法第11條保障新聞採訪自由及第條保障人民工作權之意旨尚無牴觸。又系爭規定以警察機關為裁罰機關，亦難謂與正當法律程序原則有違。

2.

基本原則

● 立法最初之基本原則

　　有鑑於本法具有相當程度之國際性，為便於國際交流，1995年立法之初，即依據歐美民主先進國家共同遵循之下列八項原則立法，此八項原則分別為：

一、限制蒐集之原則：蒐集個人資料應合法、公平，並得資料當事人之同意或告知當事人。

二、資料內容正確之原則：個人資料於特定目的之利用範圍內，應力求正確、完整及最新。

三、目的明確化之原則：個人資料於蒐集時目的即應明確化，其後之利用亦應與蒐集目的相符，於目的變更後亦應明確化。

四、限制利用之原則：個人資料之利用，除法律另有規定或當事人同意者外，不得為特定目的以外之利用。

五、安全保護之原則：對於個人資料應採取合理之安全保護措施，以避免被竊用、竄改、毀損等情事之發生。

六、公開之原則：對於個人資料之處理，應採一般事項公開之政策，例如資料管理人姓名及聯絡處、資料之種類、特定目的等事項，均宜公開。

七、個人參加之原則：資料之本人有權對他人持有自己之資料，行使一定程度之控制。

八、責任之原則：資料管理人應負遵守前述原則之責任。

● 現行法律明文之基本原則

一、誠實信用原則

個人資料之蒐集、處理或利用，應尊重當事人之權益，依誠實及信用方法為之，不得逾越特定目的之必要範圍，並應與蒐集之目的具有正當合理之關聯。(個資§1)

誠實信用原則是一項相當重要的法律基本原則。換言之，取得了他人的個人資料，應該以最大善意來進行蒐集、處理或利用，否則嘴巴說一套，拿到了資料又不法販售圖利，都會破壞人與人之間的信任感，也讓個人資料的運用蒙上陰影。

二、不當聯結禁止原則

其次，是有關不當聯結禁止原則，為避免資料蒐集者巧立名目或理由，任意的蒐集、處理或利用個人資料，爰明定個人資料之蒐集、處理或利用，應與蒐集之目的有正當合理之關聯，不得與其他目的作不當之聯結。

三、特定目的原則

個人資料的蒐集有其目的性，例如辦信用卡必須要提供身分證影本，信用卡行銷人員會蓋上「信用卡申辦專用」的章。如果是填寫的資料，可以選擇要不要分享給其他第三人，例如可以定期收到某些業者的產品型錄，當然也可以選擇拒絕不分享給目的以外的第三人。本法所定特定目的及個人資料類別，由法務部會同中央目的事業主管機關指定之。(個資§53)

（相關特定目的與類別請參照附錄C）

3.

個資法修法之重點

● **修正重點**

為貫徹對個人資料之保護，本法保護客體，不再以經電腦處理之個人資料為限，爰將本法名稱修正為「個人資料保護法」。

一、擴大適用範圍

過去電腦處理個人資料保護法在適用上有許多問題，諸如適用的對象只限於特定、少數的行業，也就是所謂的政府機關、八大行業與指定行業，但這八大行業並不是印象中的特殊色情行業，而是醫院、學校、電信業、金融業、證券業、保險業及大眾傳播業、徵信業或以蒐集電腦處理個人資料為主要業務之業者。因為範圍過窄，也被批評保護不周延，觸動了這次修法的引子。

立法院除大幅度修正並更名外，未來適用個資法的行業不再只是特定、少數的行業，只要是公務機關，以及公務機關以外之自然人、法人或其他團體，均屬適用之範圍。(個資§2⑧)所以，就算是個人也在本法的適用範圍囉！稱之為全民運動，一點也不為過。

二、舉證責任轉換

舉證轉換也是一大修正重點。非公務機關必須要證明並無故意過失，才得以免責。此一修正內容，將使得非公務機關更著重於內部資料保護措施的建置，以符合無過失而能免責之標準。

【情境模擬】

「老闆，剛剛有客戶客訴資料疑似外洩了？該怎麼辦？」員工緊急向老闆報告。老闆腦中呼嘯地閃過個資法剛修正通過的印象，聽說必須負擔高額的賠償，馬上指示員工「裝傻」、「嚴詞否認」，老闆的作法是正確的嗎？個資法新時代的來臨，企業主該怎麼因應呢？

【實務案例—博客來資料外洩事件】

某知名博XX公司因金馬套票案事件，將客戶資料外流而引發的訴訟事件，因為博XX公司不屬於八大行業與指定行業，所以並不適用於「電腦處理個人資料保護法」，過去只能適用民法第195條隱私權遭侵害而主張慰撫金。(台北地院97訴1683)未來將可直接適用個資法。

因此，企業主當然要注意個資法的內容與發展，以落實個人資料之保護，也可以降低資料外洩的賠償責任。

● 個資法與相關法律之關聯性

一、基本概念

在個人資料的領域中,個資法算是普通法,對於其他法令中,有規範個人資料的規定者,則通常是特別法。法律有所謂「特別法優先適用於普通法原則」,簡單來說,如果特別法與普通法都有規定,要先適用特別法的規定。舉個簡單的例子,刑法有貪瀆罪的規定,貪污治罪條例也有貪瀆罪的規定,如果公務員收受賄賂,同時適用於兩種法律規定,因為貪污治罪條例比較重,也屬於特別法,所以要是用貪污治罪條例之規定。

二、個人資料保護之普通法範圍

個資法及其施行細則,還有許多依據個資法制定的法規命令或行政規則,都屬於基本的普通法。在程序方面,民事賠償事宜,分屬民法、國家賠償法之程序,刑事程序則為刑事訴訟法,行政程序則為行政訴訟法。

三、特別法

至於個資法的特別法很多,如右圖,包括政府資訊公開法、檔案法、金融控股公司法、國家機密保護法…等。如果是公務機關的檔案,還要參考檔案法,如果涉及到國家機密保護,要更進一步地考慮國家機密保護法;金融控股公司的檔案,也要考量金融控股公司法的規定。

舉個例子,個資法對於個人資料的保存有相關規定,但政府機關的檔案要如何管理、應用以及罰責,保存多久,本來就有檔案法的規定,所以從檔案法的角度來看,涉及到個人資料的部分,由個資法負責規範,如果沒有規定的部分,才回歸到檔案法之規定。所以在個人資料方面,個資法是檔案法的特別法。

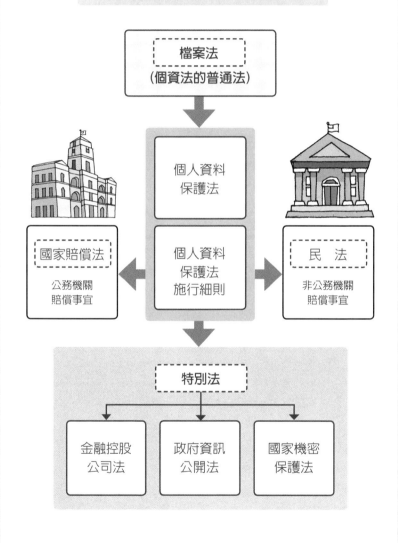

個資法與相關法律之關聯性

檔案法
（個資法的普通法）

個人資料
保護法

個人資料
保護法
施行細則

國家賠償法

公務機關
賠償事宜

民　法

非公務機關
賠償事宜

特別法

金融控股
公司法

政府資訊
公開法

國家機密
保護法

＊筆記＊

2

第二篇

［ 通 則 ］

　　本篇介紹個人資料保護法所規範的主體、客體與行為；其次，介紹當事人權利的拋棄與限制、敏感性資料、向當事人或非向當事人蒐集事項之告知義務；最後，還包括當事人的查詢、更正補充權，以及資料外洩的通知義務。

　　到底當事人該注意什麼？一般來說，包括下列三個面向：

一、可不可以蒐集：例如是不是敏感性資料？有沒有經過當事人同意，有沒有踐行告知程序？

二、該如何處理：是否完成公告？有無安全措施？須不須要主動更正、刪除？

三、該如何利用：可否提供給第三人？須不須要告知來源？

1.

規範主體

● 公務機關

一、基本概念

公務機關：指依法行使公權力之中央或地方機關或行政法人。(個資§2⑦)由於執行公務爾後將不限中央或地方機關，行政法人之組織型態亦將成為其中之一，本法將公務機關之定義，納入行政法人，以期周全。

二、受委託行使公權力

受委託蒐集、處理或利用個人資料之法人、團體或自然人，依委託機關應適用之規定為之。(施細§7)

受公務機關或非公務機關委託之事項，並不只限於「處理」資料，蒐集或利用資料均有可能，所以將舊法「委託處理」擴張修正為「委託蒐集、處理或利用」。

受委託蒐集、處理或利用個人資料之法人、團體或自然人，依本法第4條規定，於本法適用範圍內視同委託機關，惟當事人行使依本法之相關權利，究應向委託人或受託人為之，允宜視個案狀況處理，未必以委託機關為唯一對象，故刪除現行條文第2項「前項情形，當事人行使本法之權利，應向委託機關為之。」之規定。

例如慈濟醫院委託臺大醫院進行某罕見疾病之病歷分析、術後追蹤、新藥與療程技術開發等研究，臺大醫院受委託蒐集、處理或利用個人資料於本法適用範圍內，將依慈濟醫院應適用本法之相關規定為之，當事人如有行使本法相關權利時，應視情況向委託機關慈濟醫院或受託機關台大醫院為之。

三、公務機關新舊法比較表

　　無論是電腦處理個人資料保護法(以下簡稱「舊法」),或2010年5月26日總統公佈之《個人資料保護法》(以下簡稱「新法」),規範的範圍都是公務機關與非公務機關。

　　在公務機關的範圍差不多,其比較如下表:

舊法	依法行使公權力之中央或地方機關。(§2⑥)
新法	依法行使公權力之中央或地方機關或行政法人。(§2⑦)

　　新法中有關公務機關之規範,除了第三章「非公務機關對個人資料之蒐集、處理及利用」(第19-27條規定)、第29條(損害賠償責任)、第33條第1-2項(管轄法院)、第47-50條(行政罰鍰)之規定不適用外,其餘均有適用。

【行政法人】

　　所謂行政法人,是指承擔國家一般給付行政非權力性之任務,僅於涉及公共資源之分配,會有公權力之行使,而為公法事件。目前已有行政法人設立,依據國立中正文化中心設置條例第2條規定:「本中心為行政法人,其監督機關為教育部。」

常見問題

依個資法第2條第8款之規定之「非公務機關」:指前款(公務機關)以外之自然人、法人或其他團體。公務人員在個資法中是否以「非公務機關」視之?

【解答】

公務人員於其職務上所為之個人資料蒐集、處理或運用,如同公務機關所為。如果是非職務上所為,即便其具有公務人員之身分,還是屬於私人所為。例如下班之後經營網路拍賣,蒐集購買產品的客戶資料行為。

四、委託人之監督

委託他人蒐集、處理或利用個人資料時，委託機關應對受託者為適當之監督。(施細§8Ⅰ)由於本法第4條規定，受公務機關或非公務機關委託蒐集、處理或利用個人資料者，於本法適用範圍內，視同委託機關。為進一步釐清責任歸屬，特制定此一監督機制。

又為委託人與受託人之責任判斷有明確依據，明定前項監督至少應包含下列事項：(施細§8Ⅱ)

一、預定蒐集、處理或利用個人資料之範圍、類別、特定目的及其期間。

二、受託人就(施行細則)第12條第2項採取之措施。

三、有複委託者，其約定之受託者。

四、受託者或其受僱人違反本法、其他個人資料保護法律或其法規命令時，應向委託機關通知之事項及採行之補救措施。

五、委託機關如對受託者有保留指示者，其保留指示之事項。

六、委託關係終止或解除時，個人資料載體之返還，及受託者履行委託契約以儲存方式而持有之個人資料之刪除。

第1項之監督，委託機關應定期確認受託者執行之狀況，並將確認結果記錄之。(施細§8Ⅲ)委託人應定期確認受託人執行個人資料保護措施之狀況，委託人並應將確認結果予以記錄。

受託者僅得於委託機關指示之範圍內，蒐集、處理或利用個人資料。受託者認委託機關之指示有違反本法、其他個人資料保護法律或其法規命令者，應立即通知委託機關。(施細§8Ⅳ)

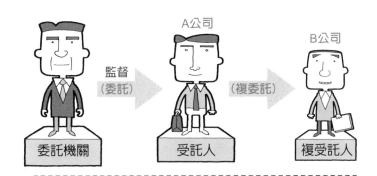

實務上曾發生過某公司定期要銷毀紙本資料，委請A公司處理，A公司又委請B公司，結果B公司卻將紙本賣給資源回收商，導致外洩結果發生。

【案例模擬：罰單委外輸入】

　　交通罰單之主管機關，對於違反交通規則超速或闖紅燈之民眾，以測速照相拍照開罰，至於罰單之輸入則委外辦理。主管機關可以要求受託人只能因開立罰單之用而查詢車主資料，受託人也必須採取必要的安全措施。

【複委託之責任】

　　本法並沒有限制複委託，所以施行細則第8條第2項第3款規定：「有複委託者，其約定之受託者。」所以在約定複委託之情況下，複委託之受託人所為，仍然視同委託之公務機關。

● 非公務機關

一、基本規定

非公務機關：指前款以外之自然人、法人或其他團體。

(個資§2⑧)

受公務機關或非公務機關委託蒐集、處理或利用個人資料者，於本法適用範圍內，視同委託機關。(個資§4)

有關受委託者之部分，在公務機關中已有相關說明。

二、適用範圍擴大

以往舊法為人所詬病之處，就在於適用範圍過於狹隘，只適用於八大行業與指定行業。所謂八大行業，並非俗稱的八大特種行業，而是指醫院、學校、電信業、金融業、證券業、保險業及大眾傳播業，以及徵信業或以蒐集個資為主業的團體或個人；至於指定行業，則如不動產仲介經紀業、百貨公司業及零售式量販業、短期補習班等屬之。導致多數蒐集個人資料的行業都無法適用，產生立法上的嚴重漏洞，對於個人隱私的保護也產生嚴重的威脅。

現行法則不再採取列舉式的規定方式，只要不屬於公務機關以外的自然人、法人或其他團體，通通包括在內，所以即使是個人蒐集個人資料，也要受到本法之規範，公司行號蒐集個人資料，因為公司屬於營利社團法人，當然也在新法的適用範圍內。

至於所謂的團體，我國有所謂的人民團體法(分成職業團體、社會團體及政治團體)，其設立應向主管機關申請許可。

另外，也有所謂的工業團體法、商業團體法，但是因為依據工業團體法第2條及商業團體法第2條規定，兩者均屬於法人，所以工業團體無論性質上屬於法人或者是團體，反正都有新法的適用。

　　但是從個資法新法對於非政府機關定義中的「其他團體」，似乎也不限於依法申請設立之法人，從自然人一個人都必須適用本法的角度來看，只要是團體，不管是以任何型態、目的所成立，或者是否有依法申請設立，都有個資法新法之適用。綜上所述，我國已經走向全面性的個人資料保護時代，本法之修正可以說是隱私權發展的重大里程碑。

非公務機關新舊法條文比較圖表

舊法	指前款以外之左列事業、團體或個人：(個資§2⑦) (一)徵信業及以蒐集或電腦處理個人資料為主要業務之團體或個人。 (二)醫院、學校、電信業、金融業、證券業、保險業及大眾傳播業。 (三)其他經法務部會同中央目的事業主管機關指定之事業、團體或個人。
新法	指前款以外之自然人、法人或其他團體。(個資§2⑧)

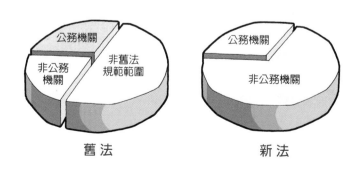

舊法　　　　　　　　新法

三、受委託機關與保密義務

本法第22條至第26條規定(檢查、扣留與裁處罰鍰)由中央目的事業主管機關或直轄市、縣(市)政府執行之權限,得委任所屬機關、委託其他機關或公益團體辦理;其成員因執行委任或委託事務所知悉之資訊,負保密義務。(個資§52Ⅰ)例如筆者曾替受環保署委任的會計師事務所授課,這些會計師事務所聘任之人員,替環保署行使行政檢查權之公權力。

為了能發揮執行效率,中央目的事業主管機關或直轄市、縣(市)政府依第22條至第26條規定執行檢查、扣留或複製等之權限,應可委任所屬機關、委託其他機關或公益團體辦理。接受委任或委託執行事務而知悉他人之資訊者,應負保密義務不得洩漏,自屬當然之理。

四、公益團體之要件

本法第52條第1項所稱之公益團體,指依民法或其他法律設立並具備個人資料保護專業能力之公益社團法人、財團法人及行政法人。(施細§31)

中央目的事業主管機關及直轄市、縣(市)政府,依本法第52條第1項於必要時得委託公益團體辦理相關管理事業,屬公權力之授予,事關人民權益,所以對得受委託之公益團體之資格明確規定,除依民法或其他法律設立之外,並須具備個人資料保護專業能力之公益團體,所以參考公益勸募條例第5條規定,訂定公益社團法人、財團法人及行政法人者,以資適用。

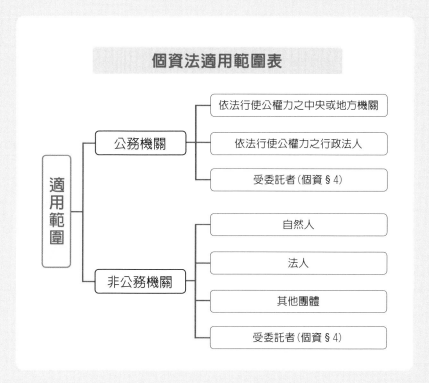

個資法適用範圍表

- 適用範圍
  - 公務機關
    - 依法行使公權力之中央或地方機關
    - 依法行使公權力之行政法人
    - 受委託者（個資§4）
  - 非公務機關
    - 自然人
    - 法人
    - 其他團體
    - 受委託者（個資§4）

五、接受訴訟實施權之限制

　　本法第52條第1項之公益團體，不得依本法第34條第1項規定接受當事人授與訴訟實施權，以自己之名義提起損害賠償訴訟。(個資§52Ⅱ)所謂本法第34條第1項之規定，舉個例子來說，消基會替許多隱私權遭到侵害的被害人，幫忙打團體訴訟。但是對於受委託機關行使檢查、扣留等權限的公益團體，如果又能夠替被檢查者打團體訴訟，會有角色混淆、利益衝突的問題。所以，特以本規定限制接受委託執行主管機關權限之公益團體，不得再依第34條規定，接受當事人訴訟實施權之授與，以自己名義，提起損害賠償之團體訴訟。

2.

規範客體

● 個人資料之範圍

　　個人資料：指自然人之姓名、出生年月日、國民身分證統一編號、護照號碼、特徵、指紋、婚姻、家庭、教育、職業、病歷、醫療、基因、性生活、健康檢查、犯罪前科、聯絡方式、財務情況、社會活動及其他得以直接或間接方式識別該個人之資料。(個資§2①)本法所稱個人，指<u>現生存之自然人</u>。(施細§2)若屬非生存的自然人，則並不會產生對於隱私權遭受侵害的恐懼情緒，以及個人對其個人資料之自主決定，所以本法之個人，限於現生存之自然人。許多企業的客戶有法人也有自然人，法人的資料並非個人資料的範圍。

　　本法所保障之法益為人格權，惟個人資料種類繁多，第1款關於「個人資料之定義」，除現行條文例示之日常生活中經常被蒐集、處理及利用之個人資料外，另增加護照號碼、醫療、基因、性生活、健康檢查、犯罪前科、聯絡方式等個人資料，以補充說明個人資料之性質。

　　此外，因社會態樣複雜，有些資料雖未直接指名道姓，但一經揭露仍足以識別為某一特定人，對個人隱私仍會造成侵害，爰參考1995年歐盟資料保護指令(95/46/EC)第2條、日本個人資訊保護法第2條，將「其他足資識別該個人之資料」修正為「其他得以直接或間接方式識別該個人之資料」，以期周全。

● **個人資料之種類**

個人資料可以區分為敏感性資料與一般性資料。

敏感性資料應該受到特殊規範之保護，醫療、基因、性生活、健康檢查及犯罪前科之個人資料，依據本法第6條有特別規範，在蒐集、處理及利用之要件上較為嚴格。

類 型	範 例	類 型	範 例
自然人之姓名	馬XX	病歷	曾罹患性病、心臟病
出生年月日	60年1月1日	醫療	（略）
國民身分證統一編號	A123456789	基因	（略）
護照號碼	XXXXXXX	性生活	例如同性戀
特徵	高挑，有三八痣，背部有刺青	健康檢查	（略）
指紋	（略）	犯罪前科	曾犯殺人罪，判處有期徒刑15年。
婚姻	已婚，配偶XXX	聯絡方式	地址、電話
家庭	父XXX，母XXX	財務情況	年收入XXX元。
教育	輔仁大學數學系學士	社會活動	參加青商會，某日與女明星上Motel。
職業	國民小學教師	其他得以直接或間接方式識別該個人之資料	第x屆貪污被關的總統

（底色部份為敏感性資料）

常見問題

個資法第2條第1款所列之「社會活動」如何定義。

【解答】

目前本法並未對社會活動加以定義，但應包括自然人在社會上的一切活動行為，例如狗仔隊紀錄某位影星一日的行蹤、某人參加社團活動的情況，且不論是否公開，均屬之。

● 間接方式識別該個人資料

本法第2條第1款所稱「得以間接方式識別該個人之資料」,指保有該資料之公務或非公務機關僅以該資料不能直接識別,須與其他資料對照、組合、連結等,始能識別該特定之個人者。(施細§3)由於社會態樣複雜,某些資料雖未直接指名道姓,但一經揭露仍足以識別為某一特定人。例如資料欄位中,姓名沒有指名道姓,但寫著「某位貪污被關的總統」,一般民眾仍然可以認定該筆資料與陳水扁有關,即屬一例。

【實務案例:寬頻房訊案】

　　寬頻房訊公司提供法拍屋的資訊,將房屋外觀拍攝成照片,與自行蒐集的法拍屋債務人住址、貸款、抵押權設定等個人資料相結合,又申請地政機關之地籍謄本,或自關貿網路公司之網站取得不動產電子謄本,結合而成一資料庫,在未獲法拍屋債務人的同意前,即自行並透過網站呈現,提供予會員付費使用。該公司也未曾依個資法之相關規定,就個人資料之蒐集、電腦處理及利用行為,向目的事業主管機關申請登記並獲發執照之情形。

　　與本文有關之部分,在於寬頻房訊公司所蒐集及於網站上呈現之法拍屋債務人相關資料,係屬電腦處理個人資料保護法所稱之「個人資料」?法院認為收集他人房屋外觀資料提供查詢服務,如其並未與自然人之姓名等相結合,尚不足以識別該個人者,則該資料並非前開規定所稱之個人資料,法務部固以92年7月4日法律字第0920026192號函示明確。

是寬頻房訊公司單純僱請工讀生拍攝房屋外觀等相片，雖尚不足以識別各房屋之歸屬對象，惟該公司嗣將上開房屋相片與前揭法拍屋債務人之資料相結合，架設於網路上供會員查詢，其呈現之內容涵括個人之識別資料、財產狀況、住家及設施情形，確為電腦處理個人資料保護法所謂之「個人資料」，應受該法之規範，彰彰明甚。

最後法院認為被告5人上開所為，確已該當電腦處理個人資料保護法第33條意圖營利違反同法第18條、第19條第1項、第2項、第23條規定罪之構成要件，惟因欠缺違法性之認識而得以阻卻罪責，判決無罪。

（參考資料：板橋地方法院93年度易字第77號刑事判決）

本案經上訴高等法院改判有罪定讞。

（參考資料：臺灣高等法院93年度上易字第1896號刑事判決）

間接方式識別個人資料

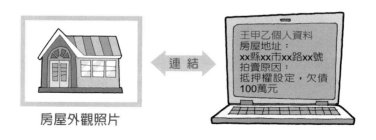

房屋外觀照片　連結　王甲乙個人資料　房屋地址：xx縣xx市xx路xx號　拍賣原因：抵押權設定，欠債100萬元

● 個人資料檔案

一、基本定義

個人資料檔案：指依系統建立而得以自動化機器或其他非自動化方式檢索、整理之個人資料之集合。(個資§2②)本法第2條第2款所稱個人資料檔案，包括備份檔案。(施細§5)

修訂過程中施行細則第5條還提到的「軌跡資料」，實在很難讓人理解。(最後施行版本已刪除)

當時修正說明表示：軌跡資料係指個人資料在蒐集、處理、利用過程中所產生非屬於原蒐集個資本體之衍生資訊(LOG FILES)，包括(但不限於)資料存取人之代號、存取時間、使用設備代號、網路位址(IP)、經過之網路路徑…等，可用於比對、查證資料存取之適當性。因此，為符合本法個人資料保護與個人資料合理利用之立法意旨，個人資料檔案除備份檔案之外，亦應包括軌跡資料在內。

簡單來說，軌跡資料類似於內部的(電腦)稽核紀錄，例如國稅局人員為了要查稅，所以調閱了某位民眾過去5年的報稅資料，稅務資料系統就會將這筆查詢是由何人、何時所查詢加以紀錄下來，以便日後稽核之用。又如某位法官曾經違反規定查詢同院女同事的資料，也都因為留下查詢的軌跡紀錄而遭政風單位查出，但這種紀錄資料實不應成為本法保護客體。

二、公務機關的「檔案」概念

個人資料檔案，還要參照檔案法之檔案定義。依據檔案法第2條第2款規定：「檔案：指各機關依照管理程序，而歸檔管理之文字或非文字資料及其附件。」同條第3款規定：「國家檔案：指具有永久保存價值，而移歸檔案中央主管機關管理之檔案。」同條第4款規定：「機關檔案：指由各機關自行管理之檔案。」一般來說，大多面臨的是機關

檔案，比較少會有需要移歸中央主管機關管理之國家檔案，可能要碰到像是具有歷史保存價值的兩蔣檔案等，才會被認定是國家檔案。

常見問題

個資法第2條第2款之「個人資料檔案」是否為個人資料之集合，有無最低數量之要求，如至少要有兩份以上的資料，如果是單一個人的多重資料，例如只蒐集某甲的姓名、電話、職業，是否也屬於個人資料檔案？。

【解答】

個人資料的集合，從條文文義解釋中並未限於要兩個人以上，因此單一個人之單筆或多重資料均應屬之。

個人資料與個人資料檔案於個資法適用上之差異。

【解答】

一、二者定義

(一)個人資料：指自然人之姓名、出生年月日、國民身分證統一編號、護照號碼、特徵、指紋、婚姻、家庭、教育、職業、病歷、醫療、基因、性生活、健康檢查、犯罪前科、聯絡方式、財務情況、社會活動及其他得以直接或間接方式識別該個人之資料。

(二)個人資料檔案：指依系統建立而得以自動化機器或其他非自動化方式檢索、整理之個人資料之集合。

二、個人資料之概念

個人資料，必須是該資料得以直接或間接方式識別該個人之資料，所以如果蒐集的資料不足以直接或間接識別個人，例如蒐集進入公園的男性與女性之比例，以及使用籃球場的男性與女性之情況，則仍然非屬於個人資料。

三、個人資料通常會形成個人資料檔案

個人資料，通常會記錄、輸入、儲存、編輯、更正、複製、檢索、刪除、輸出、連結或內部傳送，自然也會以個人資料檔案之型態存在，固在個資法上之適用尚未發現有所差異。

● **資料類別**

　　如前所述，蒐集資料要有特定的目的，例如執法機關蒐集當事人的前科資料，可以作為判斷是否累犯的依據；又如蒐集民眾收入資料以及扣抵資料，以作為報稅的依據。本法所定特定目的及個人資料類別，由法務部會同中央目的事業主管機關指定之。(個資§53)

　　舊法時代，法務部也有頒訂「電腦處理個人資料保護法之個人資料類別」，未來因應新法之修正，法務部也會隨時參酌各界之意見與需求，將該類別加以修正調整，目前已公布之「個人資料保護法之特定目的及個人資料之類別」如附錄C。

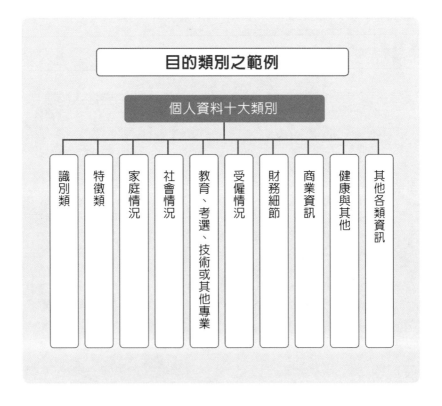

目的類別之範例

個人資料十大類別

- 識別類
- 特徵類
- 家庭情況
- 社會情況
- 教育、考選、技術或其他專業
- 受僱情況
- 財務細節
- 商業資訊
- 健康與其他
- 其他各類資訊

● 資料當事人

當事人：指個人資料之本人。(個資§2⑨)

● 書面同意

一、特定目的內之利用

本法第15條第2款及第19條第5款所稱書面同意，指當事人經蒐集者告知本法所定應告知事項後，所為允許之書面意思表示。(個資§7 I) 本法第15條第2款及第19條第5款之「經當事人書面同意」，係資料蒐集者合法蒐集、處理或利用個人資料要件之一。書面同意既對當事人之權益有重大影響，自應經明確告知應告知之事項，使當事人充分瞭解後審慎為之。

本法第7條所定書面意思表示之方式，依電子簽章法之規定，得以電子文件為之。(施細§14)為本法第7條所定書面意思表示之方式，包括無實體存在界面之意思表示方式，以目前對於以電子文件之方式表示意思者，僅有電子簽章法之規範，故規定上開意思表示依電子簽章法之規定，得以電子文件為之，以解決實務上當事人利用網際網路及資訊通信設備所為同意之意思表示。

電子簽章法第2條第1款之電子文件，是指「電子文件：指文字、聲音、圖片、影像、符號或其他資料，以電子或其他以人之知覺無法直接認識之方式，所製成足以表示其用意之紀錄，而供電子處理之用者。」

只是此種需要書面同意，如果是需要簽名與蓋章，依據電子簽章法，依法令規定應簽名或蓋章者，經相對人同意，得以電子簽章為之。(電子簽章法§9 I)但對於中小型企業恐怕執行上會有所困難，所以如果無法採行電子簽章制度，建議還是使用傳統紙本方式取得當事人同意。

二、特定目的外之利用

本法第16條第7款、第20條第1項第6款所稱書面同意，指當事人經蒐集者明確告知特定目的外之其他利用目的、範圍及同意與否對其權益之影響後，單獨所為之書面意思表示。(個資§7Ⅱ) 例如某單位員工參加甲公司電腦訓練課程，逐將參加的20人資料提供給甲公司，但甲公司又將資料提供給販賣個人電腦之乙公司，甲公司所為之販賣行為，此即特定目的外之利用。

前開「經當事人書面同意」，係當事人同意資料蒐集者，將其個人資料作與蒐集目的不同之其他目的使用，因不符原先蒐集資料之特定目的，該書面同意自應特別審慎，除應特別明確告知該其他利用目的為何及其利用範圍外，同時亦應讓當事人明瞭，特定目的外利用之同意與否，對其權益是否會發生任何影響。

另為避免該特定目的外利用個人資料之同意與其他事項作不當聯結，或被列入定型化契約之約定條款中被概括同意，而不利於當事人，特規定關於特定目的外利用其個人資料之書面同意，應<u>獨立作書面意思表示</u>，以保護當事人之權益。

本法第7條第2項所定單獨所為之書面意思表示，如係與其他意思表示於同一書面為之者，應於適當位置使當事人得以知悉其內容後並確認同意。所以契約內容常會以紅色或顯著字體，提醒簽約人注意。

前開立法理由也落實在施行細則中。

本法第7條第2項所定之書面意思表示，如係與其他意思表示於同一書面為之，蒐集者應於適當位置使當事人得以知悉其內容並確認同意。(施細§15)蓋因本法第16條第7款、第20條第1項第6款所定「經當事人書面同意」，乃當事人同意資料蒐集者，將其個人資料作與蒐集目的不同之其他目的使用，因不符原先蒐集資料之特定目的，該書面同意自應特別審慎，故明文規範須為單獨所為之書面意思表示，惟該意思表示如與其他意思表示於同一書面為之者，應於適當位置使當事人得以知悉其內容後並確認將其個人資料作與蒐集目的不同之其他目的使用之同意，以避免當事人疏忽而為概括同意。

```
┌─────────────────────────────────────────────┐
│          ＸＸ銀行信用卡申請書                    │
│  一、○○○○○○○○○○○○○○○○○○○○○          │
│      ○○○○○○○○○○○○○○○○○○             │
│  二、○○○○○○○○○○○○○○○○○○○○○          │
│      ○○○○○○○○○○○○○○○○○○             │
│  三、你是否同意將申請信用卡之個人資料，提供○○金    │
│      融控股公司利用，作為產品行銷服務之利用：      │
│                                               │
│        □同意           □不同意                 │
│  中 華 民 國 ○○ 年 ○○ 月 ○○ 日              │
└─────────────────────────────────────────────┘
```

3.

規範行為

● 蒐集

蒐集：指以任何方式取得個人資料。(個資§2③)由於蒐集個人資料之行為態樣繁多，有直接向當事人蒐集者；有間接從第三人取得者。例如信用卡業者在賣場擺攤，鼓勵民眾辦信用卡，同時也蒐集到申辦卡片民眾的個人資料，此屬直接蒐集。又如有業者專門蒐集畢業紀念冊的畢業生資料，補習班業者會向他們購買畢業生名單，即屬從第三人處間接蒐集。

● 處理

處理：指為建立或利用個人資料檔案所為資料之記錄、輸入、儲存、編輯、更正、複製、檢索、刪除、輸出、連結或內部傳送。(個資§2④)例如蒐集到的信用卡客戶資料，會鍵入系統檔中以利客戶服務、刷卡消費勾稽等運用，在金控公司也可能將資料轉給其他部門，例如由保險部門取得客戶資料後，向客戶推銷適合的保險。

本法第2條第4款所稱刪除，指使已儲存之個人資料自個人資料檔案中消失。(施細§6Ⅰ)

而刪除行為之認定，應視刪除當時科技水準及技術，參酌適用主體之組織型態，使用一般社會通念之標準，所為使個人資料消失之行為，以作為參考標準，尚無需達「不復存在」之標準，始謂符合本法所稱之「刪除」，爰刪除現行條文所定「而不復存在」文字。

(施細§6說明二)

本法第2條第4款所稱內部傳送，係指公務機關或非公務機關本身內部之資料傳送。(施細§6Ⅱ)例如公務機關內部各單位間之資料傳送，不包括上級機關傳送個人資料予下級機關，或者法人或團體或自然人之內部資料傳送。又內部傳送，包括機關內部跨國(境)之資料傳送。

● **利用**

利用：指將蒐集之個人資料為處理以外之使用。(個資§2⑤)

舊法對於利用的定義，是將保有之個人資料檔案為內部使用或提供當事人以外之第三人。但是如此之定義卻可能產生一些模糊狀況，立法理由中，針對直接對當事人本人使用其個人資料(如對當事人自己從事行銷行為)，是否屬本法所稱之利用行為，滋生疑義，雖參考國外立法將文字予以精簡，修正「利用」之定義，使得實際上的運用更形廣泛。

● **國際傳輸**

國際傳輸：指將個人資料作跨國(境)之處理或利用。(個資§2⑥)

現行條文第9條、第24條規定之「國際傳遞」究屬機關內部之「資料傳送」？抑或為「提供當事人以外第三人之利用」？易滋生疑義。

依據現行定義，不論是機關內部之資料傳送國(屬資料處理)，例如：總公司將資料傳送給分公司、公務機關將資料傳送給國外辦事處等；或將資料提供當事人以外他國國境之第三人國(屬資料利用)，只要該資料作跨國國(境)之傳輸，不論是屬處理或利用行為，皆屬本法所稱之「國際傳輸」。

例如2011年，美國國稅局要求我國銀行業者配合查稅，凡是海外美國稅務居民(美公民及綠卡持有者)存款帳戶超過5萬美元以上或財富管理資產有所得者均需向銀行誠實申報、並由銀行代為扣稅。此一要求，如果也涉及到銀行業者將客戶資料傳遞到美國，以利美國稅務機關查稅工作之進行，當然也屬於國際傳輸之定義。

(參考本書第120頁「國際傳輸之限制」)

刪除臉書資料案

社群網站Facebook遭愛爾蘭法律系的大學生Max Schrems控告，事發原因為該名學生以為已經刪除其在臉書的資料，但其依據臉書網路所提供的備份功能，取得備份資料後，才發現包括了他過去已經刪除的朋友帳號、未標記的照片，以及訊息串等內容，逐求償13餘萬美金。

【本案分析】

本案要先把案情簡化，並假設為適用我國法令的前提下，本國企業與本國民眾發生的問題，否則又是愛爾蘭，又是臉書，到底該適用哪一國法律，光準據法就要討論許久。

首先，一般民眾的刪除概念，跟電腦的刪除概念不太一樣；本案當事人的刪除，只是讓自己及一般人看不到紀錄，但不代表紀錄「絕對」的不存在，一般來說，電腦「刪除」的概念，可以稱之為「標籤型刪除」，只是代表一個原本儲存資料空間的釋放，未來開放給後續新增的資料擺放，但是在還沒有放入新資料前，舊資料依然存在，這也就是「可復原性」。有時候一些圖檔遭到刪除後，救回來只剩下半張，因為有半張遭到新資料覆蓋而刪除。

其次，當事人將資料刪除後，並不代表臉書就沒有保存、備份的權利。通常如同臉書這類型提供網路服務的公司，會透過定型化契約，讓自己能夠牢牢地掌握所獲得的資料，不輕易放棄。所以，若本案例適用於我國個資法時，尚難論以臉書公司有違反個資法的規定。

最後，以我國個資法第11條第3、4項規定，當事人可以請求將資料刪除，此一刪除請求權，依據同法第3條規定，不得預先拋棄或以特約限制之。

什麼是刪除呢？如前所述，指使已儲存之個人資料自個人資料檔案中消失。(施細§6 I)雖然本刪除之定義，並非解釋刪除請求權之刪除，而是解釋個資法有關「處理」定義中之刪除行為，但仍可以參照其定義。

總之，如果業已行使刪除請求權之後，依據內部資料保護程序，臉書公司就不應該在未有法令規定或當事人同意之情況下，將資料加以還原，若違反前開情形而恣意將資料還原者，就屬於違反個資法之規定，而有相關民、刑事及行政責任之探討。換言之，在數位環境中的「標籤型刪除」亦屬刪除，只是不得恣意還原。

● 個資法之排除適用

一、基本規定

有下列情形之一者，不適用本法規定：(個資§51 I)

> 一、自然人為單純個人或家庭活動之目的，而蒐集、處理或利用個人資料。
> 二、於公開場所或公開活動中所蒐集、處理或利用之未與其他個人資料結合之影音資料。

公務機關及非公務機關，在中華民國領域外對中華民國人民個人資料蒐集、處理或利用者，亦適用本法。(個資§51 II)

二、單純個人或家庭活動為目的

本法所稱非公務機關包括自然人，惟有關自然人為單純個人(例如：社交活動等)或家庭活動(例如：建立親友通訊錄等)而蒐集、處理或利用個人資料，因係屬私生活目的所為，與其職業或業務職掌無關，如納入本法之適用，恐造成民眾之不便亦無必要，故本法特別予以排除。

三、未與其他個人資料結合之公開影音資料

　　由於資訊科技及網際網路之發達，個人資料之蒐集、處理或利用甚為普遍，尤其在網際網路上張貼之影音個人資料，亦屬表現自由之一部分。舉個例子，臉書使用者特別喜歡走到哪裡、拍到哪裡，而且馬上上傳到臉書與朋友分享。

於公開場所或公開活動中所蒐集、處理或利用之未與其他個人資料結合之影音資料。

臉書照片貼標籤
　　臉書的照片本來只有一些人的外觀，可是貼上tag(標籤)，就可以連到特定人的臉書，更可以知道進一步的資料，變成不適用本排除規定，要放照片加上tag，就必須取得同意。

由於資訊科技及網際網路之發達，個人資料之蒐集、處理或利用甚為普遍，尤其在網際網路上張貼之影音個人資料，亦屬表現自由之一部分。為解決合照或其他在合理範圍內之影音資料須經其他當事人之書面同意始得為蒐集、處理或利用個人資料之不便，且合照當事人彼此間均有同意之表示，其本身共同使用之合法目的亦相當清楚，所以對於在公開場所或公開活動中所蒐集、處理或利用之未與其他個人資料結合之影音資料，不適用本法之規定，回歸民法適用。

● 中華民國領域外之蒐集

由於科技之進步與網際網路使用普遍，即使在我國領域外蒐集、處理或利用國人之個人資料，亦非常容易。為防範公務機關或非公務機關在我國領域外違法侵害國人個人資料之隱私權益，以規避法律責任，明定在我國領域外，亦有本法之適用。

＊筆記＊

臉書貼標籤

小白　　小琪　　小芬

小白&小琪的FB

　　有關這一個問題的起源，這是筆者某天看到有一張臉書女性朋友的照片實在很醜(本人並不醜)，貼在別人的臉書上，別人用標籤註記照片上的人物，我在想這位小姐怎麼會受得了被貼這種照片。

　　一般來說朋友之間相好，管你在臉書貼了什麼照片，喝醉酒脫光、被惡整，或者是表情猙獰，只要交情夠好，都沒有意見。

　　可是如果兩人突然交惡，貼了自己很難看的照片，照片上面又有標籤，大家一看這張照片都可以知道是誰，而且還可以透過標籤連到照片中人物的臉書，這時照片當事人就可能主張個人資料保護法的適用，那結果恐怕會很麻煩。

　　而且現在很多直銷商、廣告商或從事色情的業者，也利用標籤的功能讓更多消費者看到他們的訊息，因為只要這些業者隨便放一張美女或很吸引人的照片，再把這些不小心加入這些業者的民眾標籤在照片上，這些朋友的所有朋友通常都會看到這個廣告，也就達到業者行銷的目的了。

　　所以臉書上有移除標籤，或甚至於可以要求移除照片的功能，應該就可以解決這個問題。只是在性質上本來要當事人的事前同意(opt in)，後來變成是事後退出(opt out)的機制。

4.

當事人權利之拋棄與限制

當事人就其個人資料依本法規定行使之下列權利，不得預先拋棄或以特約限制之：(個資§3)

一、查詢或請求閱覽。

二、請求製給複製本。

三、請求補充或更正。

四、請求停止蒐集、處理或利用。

五、請求刪除。

譬如民眾申辦信用卡，如果不勾選同意將個人資料分享給第三人，通常業者就不願意協助申辦。甚至有更惡劣者，還要求當事人放棄事後請求停止蒐集、處理或利用之權利。

本條規定屬於強行禁止規定，違反者無效。所以就算民眾簽署自願放棄條款，屬於無效；或者是事後還是可以行使選擇退出權(opt out)，要求信用卡業者不得再蒐集、處理或利用其個人資料。

當事人權利之拋棄與限制

① 查詢或請求閱覽

② 請求製給複製本

③ 請求補充或更正

④ 請求停止蒐集、處理或利用

⑤ 請求刪除

5.

敏感性資料

● **基本規定：原則上不得蒐集**

　　有關醫療、基因、性生活、健康檢查及犯罪前科之個人資料，不得蒐集、處理或利用。但有下列情形之一者，不在此限：(個資§6Ⅰ)

> 一、法律明文規定。
> 二、公務機關執行法定職務或非公務機關履行法定義務所必要，且有適當安全維護措施。
> 三、當事人自行公開或其他已合法公開之個人資料。
> 四、公務機關或學術研究機構基於醫療、衛生或犯罪預防之目的，為統計 或學術研究而有必要，且經一定程序所為蒐集、處理或利用之個人資料。

註：「法律」之定義

　　指法律或法律具體明確授權之法規命令。(施細§9)

註：「法定職務」之定義

　　指於下列法規中所定公務機關之職務：

一、法律、法律授權之命令。

二、自治條例。

三、法律或自治條例授權之自治規則。

四、法律或中央法規之委辦規則。(施細§10)

● 自行公開或其他已合法公開

本法所稱當事人自行公開之個人資料，係指當事人自行對不特定人或特定多數人為揭露其個人資料。(施細§13 I)例如某位出版者為了讓讀者方便聯繫，將自己的資料公佈在臉書上，以利讀者聯繫。早期就有垃圾郵件的業者，透過程式蒐集張貼在網頁上的電子郵件，在將這些電子郵件蒐集整理販賣，讓業者進行電子郵件行銷。

參酌司法院釋字第145號解釋意旨，所謂多數人，係包括特定之多數人在內。至於特定多數人之計算，自應視其相關法規之立法意旨及實際情形已否達於公開之程度而定。

本法所稱已合法公開之個人資料，指依法律具體明確授權之法規命令所公示、公告或以其他合法方式公開之個人資料。(施細§13 II)

● 基於醫療、衛生或犯罪預防之目的之運用

前項第4款個人資料蒐集、處理或利用之範圍、程序及其他應遵行事項之辦法，由中央目的事業主管機關會同法務部定之。(個資§6 II)

為確保依本(6)條第1項第4款規定所為因醫療、衛生或犯罪預防等目的而提供之個人資料，其提供者在合法必要範圍內提供，而蒐集者所蒐集之個人資料能獲得適當之安全維護，特種資料之提供者於其利用前，應特別審酌資料之提供範圍，以及提供時應經一定程序為之。由於前開範圍、程序及其他應遵行事項，涉及個人資料是否經匿名化處理或依其揭露方式無從識別特定當事人，或者是否應得當事人明示之書面同意等之慎重考量，故授權由法務部會同特種資料之中央目的事業主管機關訂定相關特種資料蒐集、處理或利用之範圍、程序及其他應遵行事項之辦法，以保障當事人之特種個人資料。

● 敏感性資料較嚴格保護之理由

按個人資料中有部分資料性質較為特殊或具敏感性,如任意蒐集、處理或利用,恐會造成社會不安或對當事人造成難以彌補之傷害。是以,1995年歐盟資料保護指令(95/46/EC)、德國聯邦個人資料保護法第13條及奧地利聯邦個人資料保護法等外國立法例,均有特種(敏感)資料不得任意蒐集、處理或利用之規定。經審酌我國國情與民眾之認知,所以規定有關醫療、基因、性生活、健康檢查及犯罪前科等五類個人資料,其蒐集、處理或利用應較一般個人資料更為嚴格,須符合所列要件,始得為之,以加強保護個人之隱私權益。

● 敏感性資料類型之定義

一、病歷之個人資料

本法第2條第1款所稱病歷之個人資料,指醫療法第67條第2項所列之各項資料:(施細§4 I)

> 一、醫師依醫師法執行業務所製作之病歷。
> 二、各項檢查、檢驗報告資料。
> 三、其他各類醫事人員執行業務所製作之紀錄。(醫療法§67 II)

二、醫療之個人資料

本法第2條第1款所稱醫療之個人資料,指病歷及其他由醫師或其他之醫事人員,以治療、矯正、預防人體疾病、傷害、殘缺為目的,或其他醫學上之正當理由,所為之診察及治療;或基於以上之診察結果,所為處方、用藥、施術、或處置所產生之個人資料。(施細§4 II)因為可能密醫也會蒐集病患醫療過程的個人資料,所以並不以合法醫師資格為限。

敏感性資料類型示意圖

病歷

基因

犯罪前科

性生活

健康檢查

我沒病,只是來健康檢查。

病歷與醫療之個人資料頗難區分,常見的上班族因病請假而開立的住院證明或診斷證明書,應該都是屬於醫療之個人資料。但即使真的很難將二者區分,也沒有太大的關係,因為都是屬於敏感性資料。

三、基因之個人資料

本法第2條第1款所稱基因之個人資料,指由人體一段去氧核醣核酸構成,為人體控制特定功能之遺傳單位訊息。(施細§4Ⅲ)

四、健康檢查之個人資料

本法第2條第1款所稱健康檢查之個人資料,指非針對特定疾病進行診斷或治療之目的,而以醫療行為施以檢查所產生之資料。

(施細§4Ⅴ)

五、性生活之個人資料

本法第2條第1款所稱性生活之個人資料，指性取向或性慣行之個人資料。(細則§4IV)本法第2條第1款之性生活(sexual life)，應屬有關極為敏感且容易引起偏見或足使個人人格遭受歧視之性生活個人資料，例如部分宗教對於同性戀即存在著偏見。依本條修正說明認為性生活包括性取向等相關事項，並參考澳洲1998年隱私權法第6條規定及2007年澳洲法律改革委員會之修法建議，將性生活界定為性取向(sexual orientation)及性慣行(sexual practices)。

六、犯罪前科之個人資料

本法第2條第1款所稱犯罪前科之個人資料，指經緩起訴、職權不起訴或法院判決有罪確定、執行之紀錄。(施細§4VI)

● 例外情況方可蒐集

敏感性資料原則上是不可以蒐集，例外情況才可以蒐集、處理或利用，以下四種例外情況，說明如下：

一、法律規定

有關醫療、基因、性生活、健康檢查及犯罪前科等五類個人資料，原則上不得任意蒐集、處理或利用，惟依據本法第6條第1項第1款規定，只要法律有明文規定可以蒐集、處理或利用，自不在此限。例如醫療法第67條第1項規定：「醫療機構應建立清晰、詳實、完整之病歷。」所以醫療法就是一種法律規定，賦予醫療機構在醫療法的範圍內蒐集、處理或利用醫療類的敏感性資料。

二、執行法定職務或履行法定義務所必要，且有適當安全維護措施

其規定為：公務機關執行法定職務或非公務機關履行法定義務所必要，且有適當安全維護措施。舉些例子，檢警機關偵辦犯罪，蒐集或利用涉嫌人之犯罪前科資料；醫生發現疑似法定傳染病，蒐集相關

醫療資料通報主管機關等，公務機關或非公務機關自得依法為之，且依相關法令規定，必須提供適當安全維護措施。

因為本條之規定，對於一般公務機關要蒐集、處理或利用敏感性資料，門檻並不高，且只要符合施行細則第9條第2項共計11款之規定，即可被認定為有適當安全維護措施，以目前各機關因應個人資料保護法的具體作為，大多符合本規定，所以要符合法令規範並不困難。

三、當事人自行公開或其他已合法公開之個人資料

此一情況，隱私已無被侵害之虞，例如某藝人自行宣告「出櫃」，週刊報導此一事實並散佈於眾，並沒有違反不得蒐集、處理或利用之規定。

四、基於統計或學術研究之目的

為避免寬濫，並加強保護特種或敏感個人資料，特規定適用本款限於為基於醫療、衛生或犯罪預防等特定目的，且於統計或學術研究而有必要之範圍內，並經一定程序而為蒐集、處理或利用之個人資料，始得蒐集、處理或利用。

【實務見解】

　　各校使用「全國不適任教師查詢系統」作為新進人員資料查詢，是否符合「個人資料保護法」相關規定疑義。

　　　　　　　(教育部100.4.29臺人(二)字第1000057150號函)

一、為釐清本部設置全國不適任教師查詢系統供各級公私立學校與縣市政府通報及於辦理新進教師聘任作業時查詢，以防止具教育人員任用條例第31條不得聘任之教師應聘，是否符合個人資料保護法第6條第1項第1款或第2款規定，本部前於99年11月23日函請法務部釋示，該部於100年2月10日法律字第0999052427號函復以，本部設置全國不適任教師通報系統網路乙節，前經該部96年10月26日法律字第0960035274號函認為，揆教育人員任用條例第31條定有教育人員任用之消極資格，同條例第30條復規定教師任用資格審查為法定必經程序且本部為審查機關之一，故本部基於教育人員任用條例主管機關立場，為執行該條例相關規定，對於具有該條例第31條所定教育人員任用消極資格之個人資料為蒐集、電腦處理及提供相關學校、機關審查之用，應可認係符合電腦處理個人資料保護法第7條及第8條規定。惟按99年5月26日修正公布之(尚未施行)個人資料保護法第6條第1項規定：「有關醫療、基因、性生活、健康檢查及犯罪前科之個人資料，不得蒐集、處理或利用。但有下列情形之一者，不在此限：(一)、法律明文規定。(二)、公務機關執行法定職務或非公務機關履行法定義務所必要，且有適當安全維護措施。」

　　是以，倘本部認為旨揭「全國不適任教師查詢系統」係本部、縣市主管機關、各級學校為執行教育人員任用條例第26條、第30條所定教師任用相關程序之職務並履行同法第31條第1項所定任用限制、應予解聘或免職之義務所必要，應可認屬符合個人資料保護法第6條第1項第2款所定之「公務機關執行法定職務或非公務機關履行法定義務所必要」，惟尚須符合同款所定「有適當安全維護措施」，始得蒐集、處理或利用該等個人資料。

二、查本部前以97年8月1日台人(二)字第0970144492號函及98年6月19日台人(二)字第0980103310號函各直轄市教育局、縣(市)政府、公私立大專校院、公私立高級中等學校及國立國民小學等，通報資料之建置及密碼管理等事項由各主管教育行政機關專人負責，又自全國不適任教師查詢系統取得相關人員之不適任通報資料應予保密，除供業務需要外，不得作為其他用途，相關資料使用完竣後應即予銷毀，如有違反人事資料保密相關法令規定，應自負法律責任，爰針對全國不適任教師之查詢機制業有適當安全維護措施。

三、綜上，本部設置全國不適任教師查詢系統供各級公私立學校與縣市政府專人以帳號密碼登錄進行通報及於辦理新進教師聘任作業時查詢，與個人資料保護法規定應無未合。

個人資料保護法部分條文修正草案條文對照表

修正條文	現行公布條文 （99年五月26日修正公布）	說　明
第六條 有關病歷、醫療、基因、性生活、健康檢查及犯罪前科之個人資料，不得蒐集、處理或利用。但有下列情形之一者，不在此限： 一、法律明文規定。 二、公務機關執行法定職務或非公務機關履行法定義務所必要，且有適當安全維護措施。 三、當事人自行公開或其他已合法公開之個人資料。 四、公務機關或學術研究機構基於醫療、衛生或犯罪預防之目的，為統計或學術研究而有必要，且資料經過提供者處理後或蒐集者依其揭露方式無從識別特定之當事人。 五、為維護公共利益所必要。 六、經當事人書面同意。	第六條 有關醫療、基因、性生活、健康檢查及犯罪前科之個人資料，不得蒐集、處理或利用。但有下列情形之一者，不在此限： 一、法律明文規定。 二、公務機關執行法定職務或非公務機關履行法定義務所必要，且有適當安全維護措施。 三、當事人自行公開或其他已合法公開之個人資料。 四、公務機關或學術研究機構基於醫療、衛生或犯罪預防之目的，為統計或學術研究而有必要，且經一定程序所為蒐集、處理或利用之個人資料。 前項第四款個人資料蒐集、處理或利用之範圍、程序及其他應遵行事項之辦法，由中央目的事業主管機關會同法務部定之。	一、病歷乃屬醫療個人資料內涵之一，為免爭議，爰增列如第一項本文。 二、公務機關或學術研究機構基於醫療、衛生或犯罪預防之目的，為統計或學術研究必要，經常會蒐集、處理或利用第一項本文之特種資料，如依其統計或研究計畫，當事人資料經過匿名化處理，或其公布揭露方式無從再識別特定當事人者，應無侵害個人隱私權益之虞，基於資料之合理利用，促進學術研究發展，自得允許之，爰修正第一項第四款。又該款蒐集、處理或利用特種個人資料之程序，公務機關得以行政規則訂定之；學術研究機構得由其中央目的事業主管機關依本法第二十七條第二項規定，指定非公務機關訂定個人資料檔案安全維護計畫或業務終止後個人資料處理方法，故無另行訂定一定程序之授權辦法之必要，爰刪除現行公布條文第二項規定。

（續下頁）

修正條文	現行公布條文 （99年五月26日修正公布）	說　明
依前項但書規定蒐集、處理或利用個人資料，準用第八條、第九條規定；其中第六款之書面同意，並準用第七條規定。		三、司法院釋字六○三號解釋揭示憲法保障「個人自主控制個人資料之資訊隱私權」，無論一般或特種個人資料，個人資料當事人同意權本屬憲法所保障之基本權。故蒐集、處理或利用特種個人資料，若無「當事人書面同意」情形，將造成當事人對其自己之特種資料無書面同意權，嚴重限制憲法所保障之基本權。又第一項但書缺少基於維護公共利益所必要事由而蒐集、處理或利用特種個人資料之例外事由，例如：依學生健康檢查實施辦法第七條第一項第三款規定：「學校對罹患特殊疾病學生……應妥適安排其參與之活動。」當舉辦校外活動，配合學校辦理活動之公務或非公務機關，於擬訂配合處理措施時，須瞭解該生之醫療或健康檢查資料，以為妥適因應；又為查證公職選舉候選人是否有受消極資格限制，而提供(利用)犯罪前科資料，

（續下頁）

修正條文	現行公布條文 （99年五月26日修正公布）	說　明
		或為人事行政管理及相關金融業務要求受僱人員提供犯罪前科資料，若無維護公益之條款，將無法適時提供上開資料，反使公眾權益受到影響。參酌歐盟二〇一二年「一般資料保護規則」草案第九條規定、德國聯邦個人資料保護法第十三條第二項及奧地利聯邦個人資料保護法第九條等外國立法例，爰於第一項但書增列第五款及第六款規定。 四、又依第一項但書規定而得蒐集、處理或利用病歷、醫療、基因、性生活、健康檢查及犯罪前科之個人資料時，雖然本法第八條、第九條規定所引用之第十五條、第十九條規定，其中為區別一般資料與特種資料而有排除本法第六條第一項所定特種資料之規定，惟為免誤解蒐集特種資料時無需向當事人告知，爰增訂第二項定明特種資料關於告知之規定，應準用本法第八條、第九條規定。另第一項但書第六款之書面同意，應準用第七條規定，以免爭議。

＊筆記＊

6.

向當事人蒐集資料之告知事項

● 基本規定：告知事項

公務機關或非公務機關依第15條或第19條規定向當事人蒐集個人資料時，應明確告知當事人下列事項：(個資§8Ⅰ)

一、公務機關或非公務機關名稱。

二、蒐集之目的。

三、個人資料之類別。

四、個人資料利用之期間、地區、對象及方式。

五、當事人依第3條規定得行使之權利及方式。

六、當事人得自由選擇提供個人資料時，不提供將對其權益之影響。

● 基本規定：免為告知

有下列情形之一者，得免為前項之告知：(個資§8Ⅱ)

一、依法律規定得免告知。(參照本書第42頁「法律」之定義)

二、個人資料之蒐集係公務機關執行法定職務或非公務機關履行法定義務所必要。(參照本書第42頁「法定職務」之定義)

三、告知將妨害公務機關執行法定職務。(同上)

四、告知將妨害第三人之重大利益。

五、當事人明知應告知之內容。

履行法定義務之免為告知

為什麼沒有告知要蒐集我的個人資料，還交給調查局！

因為洗錢防制法規定你轉帳超過一定額度的金額，就要通報法務部調查局，以進一步了解有沒有不法行為！

洗錢防制法第8條第1項規定：「金融機構對疑似犯第11條之罪之交易，應確認客戶身分及留存交易紀錄憑證，並應向法務部調查局申報；其交易未完成者，亦同。」第2項規定：「依前項規定為申報者，免除其業務上應保守秘密之義務。」

【網站的隱私權政策】

例如政府網站通常會有隱私權保護政策，告知當事人上網時會被蒐集一些個人資料的蒐集政策、運用政策，如利用cookies的技術讓當事人使用網站更方便，也可以蒐集一些當事人網路使用習慣的紀錄。可參考我的E政府網站之隱私權保護政策網頁：http://www.gov.tw/privacy.htm

■ 告知方式

本條規定所定告知之方式，得以書面、電話、傳真、電子文件或其他適當方式為之。(施細§13)個人資料之蒐集，事涉當事人之隱私權益。為使當事人明知其個人資料被何人蒐集及其資料類別、蒐集目的等，本法規定告知義務，俾使當事人能知悉其個人資料被他人蒐集之情形，以落實個人資料之自主控制。

● 告知的目的

　　個人資料之蒐集，事涉當事人之隱私權益，讓當事人瞭解正在蒐集其相關個人資料，也是讓其能確實掌控資料流向，以保證自身隱私權的最基本制度。為達到此一目的，使當事人明知其個人資料被何人蒐集及其資料類別、蒐集目的等，所以在本條第1項規定蒐集時應告知當事人之事項，以便讓當事人能知悉其個人資料被他人蒐集之情形。

● 免告知之情形

　　原則上向當事人蒐集個人資料時，應告知當事人第1項所列事項，惟在部分特別情形下，或已有法律規定，或當事人已明知，履行第1項告知義務恐有礙職務之執行或無必要，於第2項各款規定得免告知之情形：

一、法律規定得免告知者：

　　如果法律業已明文規定告知當事人，自勿庸再告知當事人第1項所列事項。

二、資料之蒐集係履行法定義務所必要：

　　資料之蒐集係公務機關執行其法定職務或非公務機關履行法定義務所必要。例如：報稅的時候，稅捐機關蒐集民眾收入所得資料；戶政機關蒐集民眾戶籍相關資料等；依據統計法規定，由主計處辦理人口及住宅普查。

　　非公務機關方面也有履行法律規定之義務，例如：醫生發現疑似法定傳染病患者，應報告主管機關(傳染病防制法第29條)；各投保單位應備置蒐集僱用員工或會員名冊(勞工保險法第10條第1項)；金融機構對於達一定金額以上之通貨交易，應確認客戶身分及留存交易紀錄憑證(洗錢防制法第7條)等，為提高行政效率，或避免執行上發生困擾，特規定免告知當事人。

三、告知將妨害公務機關執行法定職務：

　　蒐集個人資料雖非屬公務機關之法定執掌，但公務機關執行其法定職務時，往往會涉及蒐集民眾之個人資料，例如：警察執行臨檢勤務；檢察機關偵辦刑事案件；行政執行機關辦理強制執行等，如依第1項規定告知當事人將發生妨害公務之執行時，自不宜告知當事人，所以為本款之規定。

四、告知將妨害第三人之重大利益

　　履行第1項告知義務，如將妨害第三人之重大利益時，自得免為告知。

五、當事人明知應告知之內容

　　告知義務，其意旨在於讓當事人能充分瞭解資料蒐集之目的及用途。如當事人已明知應告知之內容者，自無必要再重複告知。

常見問題

免為告知，當事人該如何保障自身權益？

【解答】

如果蒐集機關適用免為告知的情況，當事人還是可以依據本法第3條規定請求查詢或閱覽；被請求之蒐集機關則應依第13條規定辦理。當事人亦得以其蒐集不合法為由，請求補為告知，或依第11條第4項規定，請求蒐集機關刪除、停止處理或利用該個人資料。

7.

非由當事人提供之個人資料之告知義務

● 基本概念

公務機關或非公務機關依第15條或第19條規定蒐集非由當事人提供之個人資料,應於處理或利用前,向當事人告知個人資料來源及前條第1項第1款至第5款所列事項。(個資§9Ⅰ)例如國稅局要瞭解律師執業情況,以查明某律師是否有確實依照每件3萬元的金額作為收入計算標準來報稅,這些資料是法院所蒐集,所以國稅局向法院調閱,就是屬於非由當事人提供之個人資料。

● 向銀行購買信用卡客戶資料

蒐集個人資料除向當事人直接蒐集外,亦得自第三人取得之,例如許多信用卡使用者都有收到產品型錄的廣告,這些通常不是銀行業者寄來的,而是銀行業者將信用卡客戶名單「賣」給銷售產品的業者,業者再寄送廣告單給信用卡持卡人,可是從外觀看起來,好像是發行信用卡的銀行所寄。實際上,各位在收到型錄的時候,可以找一下是否有註明產品發生問題時,銀行該怎麼辦?這時候你會發現銀行業者只是協助持卡人(購物者)與銷售產品的業者進行協商,銀行本身可是沒有什麼責任。

● 處理或利用前告知

此等間接蒐集個人資料,尤需告知當事人資料來源及其相關事項,俾使當事人明瞭其個人資料被蒐集情形,並得以判斷提供該個人

資料之來源是否合法,並及早採取救濟措施,避免其個人資料遭不法濫用而損害其權益。是以,本法第9條第1項明定間接蒐集個人資料者(因屬間接蒐集,自無從於蒐集時併為告知),應於該資料處理或利用前,告知當事人資料來源及前條第1項第1款至第5款所列事項(第6款情形係屬當事人直接提供資料,於間接蒐集行為,無從適用)。

● 首次對當事人利用時之告知

第1項之告知,得於首次對當事人為利用時併同為之。(個資§9Ⅲ)在間接蒐集個人資料之情形,原則上應於處理或利用前,向當事人告知個人資料來源等事項,但如能於首次對當事人為利用時(例如:對當事人進行商品行銷),併同告知,不但能提高效率,亦可減少勞費,且無損於當事人之權益。再舉個例子,例如甲將律師乙的行動電話號碼告知需要打官司的民眾丙,丙打給乙尋求法律諮詢時,可以有禮貌地說:「我是從您的朋友甲得知行動電話號碼,若您覺得不舒服,我可以從手機通訊錄中刪除。」

告知方式

本條規定所定告知之方式，得以言詞、書面、電話、簡訊、電子郵件、傳真、電子文件或其他足以使當事人知悉或可得知悉之方式為之。(施細§13)個人資料之蒐集，事涉當事人之隱私權益。為使當事人明知其個人資料被何人蒐集及其資料類別、蒐集目的等，本法規定告知義務，俾使當事人能知悉其個人資料被他人蒐集之情形，以落實個人資料之自主控制。

此一告知的方式，與資料外洩的通知義務，通知方式包括網際網路，兩者有所不同；因此，應該是不得以網際網路方式為之。

免為告知之情況

間接蒐集當事人之個人資料時，原則上應於處理該資料或利用前，告知當事人第1項所列事項。惟在部分特別情況下，告知恐有不宜或無必要，所以在第2項規定間接蒐集得免告知當事人之情形。有下列情形之一者，得免為前項之告知：(個資§9Ⅱ)

一、有前條第2項所列各款情形之一

　　前(8)條第2項所列各款規定如下：

　　(一)依法律規定得免告知。

　　(二)個人資料之蒐集係公務機關執行法定職務或非公務機關履行法定義務所必要。

　　(三)告知將妨害公務機關執行法定職務。

　　(四)告知將妨害第三人之重大利益。

　　(五)當事人明知應告知之內容。

二、當事人自行公開或其他已合法公開之個人資料

　　間接蒐集之個人資料，如係當事人自行公開揭露或其他合法公開之資料，對其隱私權應無侵害之虞，如同無隱私權合理之期待，自得免為告知。(參照本書第45頁及施細§13Ⅰ、Ⅱ)

三、不能向當事人或其法定代理人為告知

　　為保護當事人之權益，第1項規定間接蒐集個人資料時，應告知當事人相關事項。惟客觀上顯然不能向當事人告知時，例如：當事人失蹤不知去向、昏迷不醒，亦無法得知其法定代理人為何人時，自無從告知。

四、基於公共利益為統計或學術研究之目的而有必要，且該資料須經提供者處理後或蒐集者依其揭露方式無從識別特定當事人者為限

　　基於統計或學術研究目的，經常會以間接蒐集方式蒐集個人資料，如依其統計或研究計畫，當事人資料經過匿名化處理，或其公布揭露方式無從再識別特定當事人者，應無侵害個人隱私權益之虞，應可免除告知當事人之義務。

　　本款所稱資料經過處理後或依其揭露方式無從識別特定當事人，指個人資料以代碼、匿名、隱藏部分資料或其他方式，無從辨識該特定個人。(施細§17)

五、大眾傳播業者基於新聞報導之公益目的而蒐集個人資料

此一條款曾經受到相當大的重視，尤其是很多人都在爆料，名嘴、民意代表、新聞媒體，只要有消息來源、深喉嚨，都希望把好料攤在陽光下，讓民眾好好地檢視。但是為了保護消息來源，這些爆料者往往不願說明是誰所提供的資料，邱毅取得台新銀行邱義仁的信用卡資料，質疑其所賺的錢與花費之金額不符比例，此一「深喉嚨」後來經過調查也發現是誰，並遭判刑確定。(臺灣高等法院98上訴3246刑事判決)

此款規定，就是避免深喉嚨曝光，以避免新聞媒體的困擾。舉個例子，如果沒有這一條規定的前提下，假設剛剛邱毅仁的銀行信用卡資料是甲媒體所報導，在報導之前還要「告知」邱義仁，你的信用卡資料是本報媒體記者向台新銀行營業部襄理xxx私底下查證取得，恐怕對於新聞媒體發現真相有所阻礙。

另揆諸一九九五年歐盟資料保護指令(95/46/EC)及部分外國立法例，亦有將新聞業者低度或排除適用之規定。依中華民國報業道德規範之宗旨，自由報業為自由社會之重要支柱，新聞自由為自由報業之靈魂，惟報紙新聞和意見之傳播速度太快，影響太廣，故應慎重運用此項權利。準此，新聞報導之目的應與上開宗旨相契合，以促進公共利益為其最終目的。是以，為尊重新聞自由及增進公共利益，特為本規定。只是本規定僅限於大眾傳播業者，對於一些名嘴、民意代表，都不在此限，如果是一般網路鄉民所為之網路「人肉搜索」，也並不在排除之列。

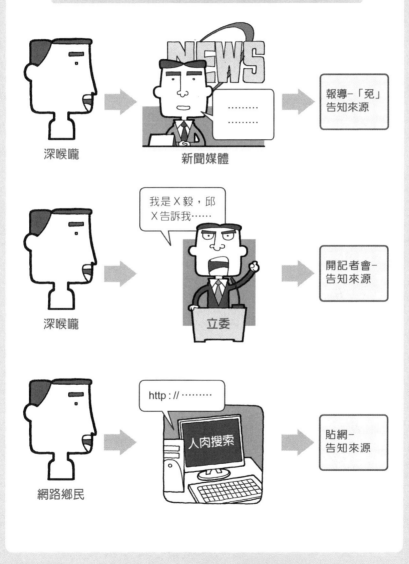

媒體、立委爆料與人肉搜索比較圖

人肉搜索

網路人肉搜索特定人的資料，會違反個資法嗎？

【解答】

人肉搜索是否合法，可分成下列階段：

第一階段：可不可以蒐集、處理

依據個資法第19條第1項規定，非公務機關對個人資料之蒐集或處理，除第6條第1項所規定資料外，應有特定目的，並符合下列情形之一者：(個資§19Ⅰ)

一、法律明文規定。

二、與當事人有契約或類似契約之關係。

三、當事人自行公開或其他已合法公開之個人資料。

四、學術研究機構基於公共利益為統計或學術研究而有必要，且資料經過提供者處理後或蒐集者依其揭露方式無從識別特定之當事人。

五、經當事人書面同意。

六、與公共利益有關。

七、個人資料取自於一般可得之來源。但當事人對該資料之禁止處理或利用，顯有更值得保護之重大利益者，不在此限。

通常是符合前項第3款之規定，例如找出車禍肇事者，或者是虐待動物者，人肉搜索是符合公共利益，因此如果有特定目的，並且符合公共利益，是可以加以蒐集、處理。

第二階段：可不可以利用

非公務機關對個人資料之利用，除第6條第1項所規定資料外，應於蒐集之特定目的必要範圍內為之。但有下列情形之一者，得為特定目的外之利用：(個資§20Ⅰ)

一、法律明文規定。

二、為增進公共利益。

三、為免除當事人之生命、身體、自由或財產上之危險。

四、為防止他人權益之重大危害。

五、公務機關或學術研究機構基於公共利益為統計或學術研究而有必要，且資料經過提供者處理後或蒐集者依其揭露方式無從識別特定之當事人。

六、經當事人書面同意。

如果符合前面蒐集、處理的要件，則利用的要件也差不多。只要不是敏感性資料，且在蒐集之特定目的必要範圍內，均可以加以利用。如果是特定目的外的利用，條件也相當寬鬆，如增進公共利益就是一款相當寬鬆的規定。

第三階段：利用前是否需要告知來源與特定事項

通常是透過網路取得特定人的資料，屬於非由當事人提供，應於處理或利用前，應該依據本法第9條第1項規定，向當事人告知個人資料來源及第8條第1項第1款至第5款所列事項。違反第9條規定者，依據第48條規定有行政罰鍰之責任。

常見問題

執法機關向戶政、稅捐等公務機關調閱相關資料時，是否應於處理或利用前，向當事人告知資料來源及個資法第8條第1項第1款至第5款之事項？

【解答】

此種資料之蒐集屬於非由當事人提供之資料，適用個資法第9條規定。

1. 原則：必須要告知當事人，例如以發文的方式告訴當事人，已經向戶政、稅捐等公務機關調閱其個人資料，而且還必須要告知第8條第1項第1款至第5款之事項，包括「一、公務機關或非公務機關名稱。二、蒐集之目的。三、個人資料之類別。四、個人資料利用之期間、地區、對象及方式。五、當事人依第三條規定得行使之權利及方式。」

2. 例外：無須告知當事人。

辦案件而有調閱資料之情形，此一通知恐怕會讓案件無法偵辦下去，甚至於有違反刑事訴訟法偵查不公開之規定。可參照個資法第9條第2項第1款規定：「有前條第2項所列各款情形之一。」也就是

一、依法律規定得免告知。

二、個人資料之蒐集係公務機關執行法定職務或非公務機關履行法定義務所必要。

三、告知將妨害公務機關執行法定職務。

四、告知將妨害第三人之重大利益。

五、當事人明知應告知之內容。

■依法律規定得免告知。如依據刑事訴訟法偵查不公開原則，可以拒絕將偵辦中案件之內容公開，包括免為告知。

■個人資料之蒐集係公務機關執行法定職務或非公務機關履行法定義務所必要。例如警政署、調查局、海巡署各依其組織法有調查特定犯罪之權限，如蒐集行為符合「必要性」，也可以免為告知。

■告知將妨害公務機關執行法定職務。也可以可適用本款，若告知將使得當事人得以預先防範、勾串共謀正犯或湮滅隱匿證據等情形，也可以免為告知。

警政或移民署等單位提供前科、出入境資料給本局，因為該等資料也非當事人提供，屬於當事人發生客觀事實所產生之資料，也應適用上開個資法第9條規定，在例外情況下毋庸告知當事人。在此要特別注意的地方，前科資料因為屬於敏感性資料，尚有第6條第1項第2款排除規定之適用。

免為告知，當事人該如何保障自身權益？

【解答】

與本法第8條之情況相同。如果蒐集機關適用免為告知的情況，當事人還是可以依據本法第3條規定請求查詢或閱覽；被請求之蒐集機關則應依第13條規定辦理。當事人亦得以其蒐集不合法為由，請求補為告知，或依第11條第4項規定，請求蒐集機關刪除、停止處理或利用該個人資料。

8.

當事人查詢權

● **基本規定**

假設遇到民眾詢問「貴單位是否有我的檔案,我要查詢,請提供給我?」

遇到這類型的問題,如果是一般公務機關還沒有什麼困擾,但如果是特殊機關如情報機關,就很擔憂當事人的查詢權是否毫無限制都要提供。本法有關當事人之查詢權採取有限制之查詢權,符合法令規定的某些特定情況,即得以拒絕之,甚至於可以適用特別法的規定,尋找有無拒絕提供之法令依據。

公務機關或非公務機關應依當事人之請求,就其蒐集之個人資料,答覆查詢、提供閱覽或製給複製本。但有下列情形之一者,不在此限:(個資§10)

> 一、妨害國家安全、外交及軍事機密、整體經濟利益或其他國家重大利益。
> 二、妨害公務機關執行法定職務。(參照本書第42頁「法定職務」之定義)
> 三、妨害該蒐集機關或第三人之重大利益。

從政府資訊公開的角度來思考,當事人當然有權利了解自己的資料備政府機關蒐集、處理的結果為何?有沒有發生錯誤,如果有錯誤,可以立即要求將內容增加或修改。舉個例子,登入個人的Webmail,可以在個人帳號中看到個人資料,這些資料可以透過遠端登入的方式,進入業者的伺服器讀取,並且可以加以刪改。

　　此外，依據本法第3條規定，當事人就其個人資料有查詢或請求閱覽及製給複製本等權利，且不得預先拋棄或以特約限制。本此意旨，公務機關或非公務機關自應盡量依當事人之請求，就其蒐集之個人資料，答覆查詢、提供閱覽或製給複製本。

● 包括公務機關與非公務機關

　　當事人得請求答覆查詢、提供閱覽或製給複製本之對象，不限於向公務機關，亦應包括非公務機關。為期明確，新法將「公務機關」修正為「公務機關或非公務機關」。

● 例外拒絕查詢之情形

一、妨害國家重大利益

　　為確保當事人之權利，本(10)條第1款規定，限縮為限於妨害國家安全、外交及軍事機密、整體經濟利益或其他國家重大利益者，始得拒絕。例如情報局蒐集到的情報員007資料，製作成一個單獨又厚重的卷宗，情報員想要看看長官怎麼看待他，所以行使本法的查詢權，但因為他的長官曾經在上面寫過評語，認為他可能涉及通敵，為了避免讓007看完這份卷宗而心生不滿，影響國家安全，所以拒絕提供閱覽。

　　當然這樣子的例子，不是單純個資法可以完整規範，有時還會涉及國家機密保護法、國家情報工作法等特別法，依據「特別法優先於普通法」之原則，而優先適用其他法令。

二、妨害公務機關執行法定職務

三、妨害該蒐集機關或第三人之重大利益

　　有些特殊性質資料，如提供當事人查詢、閱覽或製給複製本時，恐會洩漏資料蒐集者之業務秘密或妨害其重大利益。

● 相關請求之准駁

公務機關或非公務機關受理當事人依第10條(查詢、閱覽及提供複製本)規定之請求,應於15日內,為准駁之決定;必要時,得予延長,延長之期間不得逾15日,並應將其原因以書面通知請求人。(個資§13 I)

公務機關或非公務機關受理當事人依第11條(更正、補充、刪除、停止處理或利用)規定之請求,應於30日內,為准駁之決定;必要時,得予延長,延長之期間不得逾30日,並應將其原因以書面通知請求人。(個資§13 II)

當事人向公務機關或非公務機關請求查詢、閱覽、製給複製本,或請求更正、補充、刪除、停止蒐集、處理或利用其個人資料,遭駁回拒絕或未於規定期間內決定時,得依相關法律提起訴願或訴訟,自不待言。若進入到行政訴訟之程序,則可能涉及到「撤銷訴訟」或「課予義務之訴」。

● 費用

查詢或請求閱覽個人資料或製給複製本者,公務機關或非公務機關得酌收必要成本費用。(個資§14)

由於資料種類及蒐集、處理方式繁多,關於查詢、請求閱覽個人資料或製給複製本之費用,宜由各蒐集處理機關視該資料之性質酌予收取為妥,不宜由各機關或中央目的事業主管機關訂定,所以將舊法規定加以調整。

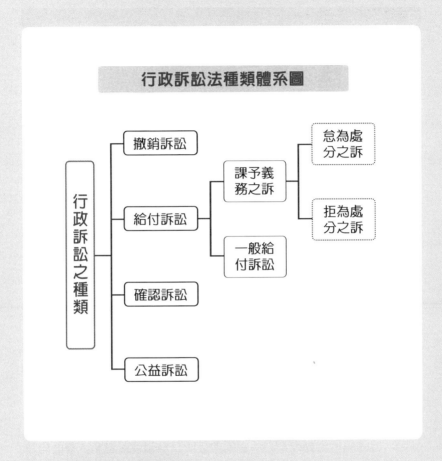

行政訴訟法種類體系圖

- 行政訴訟之種類
  - 撤銷訴訟
  - 給付訴訟
    - 課予義務之訴
      - 怠為處分之訴
      - 拒為處分之訴
    - 一般給付訴訟
  - 確認訴訟
  - 公益訴訟

● 費用酌收之必要性

採取酌收必要成本費用的方式，主要還可以達到以價制量的目的，否則如果免費，則可能會導致當事人濫用權利的結果，不斷地要求要查詢、閱覽或提供複本，人數一多，感覺很像是電腦網路中的阻斷服務攻擊(Denial of Service，簡稱DoS)，實質上造成影響甚至於癱瘓政府正常運作之結果。

9.

當事人請求更正補充權

● 更正補充權

　　公務機關或非公務機關應維護個人資料之正確,並應主動或依當事人之請求更正或補充之。(個資§11 I)本條規定並非僅限於公務機關有其適用,非公務機關亦包括之。舉個簡單的例子,Toyota汽車維修廠,在汽車使用者將車子維修保養後,會進行滿意度調查,並主動詢問通訊地址、電話有無更正。

● 當事人應釋明

　　當事人依本法第11條第1項規定向公務機關或非公務機關請求更正或補充其個人資料時,應為適當之釋明。(施細§19)

　　個人資料有關意見與鑑定部分,因涉及價值判斷,無關事實資料之對錯,不能更正,僅有事實部分可更正。

● 正確性有爭議

　　個人資料正確性有爭議者,應主動或依當事人之請求停止處理或利用。但因執行職務或業務所必須並註明其爭議或經當事人書面同意者,不在此限。(個資§11 II)資料蒐集機關發現資料正確性有誤,應主動予以停止處理或利用,如果是當事人發現,也可以請求停止處理或利用。

　　政府資訊內容關於個人、法人或團體之資料有錯誤或不完整者,該個人、法人或團體得申請政府機關依法更正或補充之。(政府資訊公開法§14 I)例如八八水災時,各慈善團體的募款帳號有錯誤,可以申請政府機關依法更正之。

資料正確性發生錯誤示意圖

價值判斷不得更正示意圖

10.

刪除、停止處理或利用個人資料

● 蒐集之特定目的消失或期限屆滿

　　個人資料蒐集之<u>特定目的消失</u>或期限屆滿時，應主動或依當事人之請求，刪除、停止處理或利用該個人資料。但因執行職務或業務所必須或經當事人書面同意者，不在此限。(個資§11Ⅲ)接續前述Toyota車主到原廠維修的案例，如果車主已經不再開Toyota汽車，並且已經將車輛報廢，改換成保時捷，就可以要求Toyota將其個人資料刪除、停止處理或利用。

　　再舉一個例子，如果某機關舉辦一場會議，來報名的民眾會填寫個人資料，當會議結束的時候，該機關蒐集民眾資料的目的已經消失，依據本規定，就應該主動或依當事人之請求加以刪除、停止處理或利用該個人資料。

　　什麼是刪除？

　　施行細則第6條第1項規定：本法第2條第4款所稱刪除，<u>指使已儲存之個人資料自個人資料檔案中消失</u>。(施細§6Ⅰ)

● 特定目的消失

　　本法第11條第3項所稱特定目的消失，指下列各款情形之一：(施細§20)

> 一、公務機關經裁撤或改組而無承受業務機關者。
> 二、非公務機關歇業、解散或所營事業營業項目變更而與原蒐集目的不符者。
> 三、特定目的已達成而無繼續利用之必要者。
> 四、其他事由足認該特定目的已無法達成或不存在者。

● 執行職務或業務所必須

有下列各款情形之一者，屬於本法第11條第3項但書所定因執行職務或業務所必須：(施細§21)

> 一、有法令規定或契約約定之保存期限。
> 二、有理由足認刪除將侵害當事人值得保護之利益。
> 三、其他不能刪除之正當事由。

● 刪除的成本

一般紙本儲存數位證據，可能透過碎紙機來刪除，如果要刪除的量屬於定期且大量資料，有時會透過委外方式來處理，當然過去也常發生委外不當，導致應該刪除的資料卻外流的情況。例如某醫院資料外流，就是委外處理不當的結果。

數位資料具有「可還原性」，主要是因為一般的刪除動作，在電腦系統的概念，只是加上一個標籤，代表可容許新資料來取代舊資料，但是在新資料還沒有取代舊資料之前，舊資料依舊存在，此即所謂的「標籤型刪除」。常見真正刪除的方式，可使用一些小軟體(如Eraser)，以隨機資料或010101的資料蓋過舊資料，但這樣子的方式比較花時間，成本也較高。所以本書認為應該以一般的刪除為已足。只是刪除後，依據內部資料保護程序，不應該在未有法令規定或當事人同意之情況下，將資料加以還原。

● 違反本法規定之蒐集、處理或利用

違反本法規定蒐集、處理或利用個人資料者，應主動或依當事人之請求，刪除、停止蒐集、處理或利用該個人資料。(個資§11Ⅳ)舊法條文僅規定蒐集機關應維護個人資料之正確，對於如何處理違法蒐集、處理或利用之個人資料，卻漏未規定，本項為新增規定。

舉個例子，當事人收到補習班的廣告信函，可是明明這些畢業生資料不應該流出，顯然是不法取得，就可以要求刪除、停止蒐集、處理或利用該個人資料。

刪除方式示意圖

蒐集資料已經結束了，直接把資料檔案丟進資源回收筒，算是刪除嗎？

實務運作上這樣子刪除就應該可以了，否則真正要刪除恐怕成本過高。

蒐集資料的承辦人　　　　資訊專家

● 未為更正或補充個人資料之通知

因可歸責於公務機關或非公務機關之事由，未為更正或補充之個人資料，應於更正或補充後，通知曾提供利用之對象。(個資§11 V)

利用不正確之個人資料，可能對當事人權益有嚴重影響，而個人資料因未更正或補充致使不正確時，如係可歸責於該蒐集機關之事由，自應課以該蒐集機關於更正或補充個人資料後，通知曾提供利用該資料之對象，以使該不正確之資料能即時更新，避免當事人權益受損。

舉個例子，如果民眾明明有繳納信用卡款項，但是銀行因為某種可歸責於自己的原因沒收到，而將該未繳款資料送交聯合徵信中心，就會影響當事人的信用。當該銀行發現這種情形時，就必須要把通知聯合徵信中心的利用行為通知客戶。

11.

通知義務

● 基本規定

公務機關或非公務機關違反本法規定，致個人資料被竊取、洩漏、竄改或其他侵害者，應查明後以適當方式通知當事人。
(個資§12)

通知義務屬於舊法所無新規定，因此舊施行細則自然並未規範如何為通知方式。按當事人之個人資料遭受違法侵害，往往無法得知，致不能提起救濟或請求損害賠償，故特別規定公務機關或非公務機關所蒐集之個人資料被竊取、洩漏、竄改或遭其他方式之侵害時，應立即查明事實，以適當方式(例如：人數不多者，得以電話、信函方式通知；人數眾多者，得以公告請當事人上網或電話查詢等)，迅速通知當事人，讓其知曉。

● 違反本法規定

從條文內容來看，如果沒有違反本法規定，是否代表就不必通知當事人？先解釋一下因果關係的要件，條文中的「致」這個字，就是因果關係之用語。所以右表第01-08項，如果只有第07項未完成，但是資料遭到竊取是因為被入侵，與第07項無關，仍不具備通知義務。所以，條文字面上與結構上來看，似乎可以推斷出只要沒有違反規定，就不需要通知當事人。

違反什麼類型的規定呢？應該是指作為義務，尤其是第18條後半段之「維護個人資料安全義務」，其條文規定「……防止個人資料被竊取、竄改、毀損、滅失或洩漏。」即可包括大多數的情況，右表中

有些義務的違反，通常並不會導致個人資料被竊取、洩漏、竄改或其他侵害，例如沒有履行告知義務、違反主動刪除、停止處理或利用之義務，通常並不會直接導致此一結果。

● 什麼是第12條「違反本法規定」？

編號	項目	說明	舉例
01	敏感性資料之特別規範	◎須符合第6條第1-4款情形之一，才可以蒐集、處理或利用。 ◎若有明文規定，則可以蒐集、處理或利用(第1款)，若沒有明文規定，則檢視有無第2-4款之規定，若也沒有第2-4款規定，則屬於第12條之違反本法規定。 ◎若違反規定而蒐集、處理或利用敏感性資料，都屬於違反本法規定。	適當安全維護措施，在公務機關方面，例如取得國際安全認證；非公務機關方面，除了取得國際安全認證之外，符合第27條第2項規定中央目的事業主管機關所訂定個人資料檔案安全維護計畫或業務終止後個人資料處理方法。
02	誠實信用原則、必要性原則、關聯性原則	依據第5條規定，未能符合此三原則者，均屬於第12條之違反本法規定。但違反此等規定，較難想像與資料外洩之結果有因果關係	
03	蒐集處理資料符合特定目的	公務機關之蒐集處理(第15條) 公務機關之利用(第16條) 非公務機關之蒐集處理(第19條) 非公務機關之利用(第20條) 不符合特定目的，除有但書或特別規定之情況，則屬於第12條之違反本法規定	
04	告知義務(向當事人蒐集)	(非)公務機關蒐集處理，除有例外情形，應告知當事人特定事項(第8條) 違反者，屬於第12條之違反本法規定	
05	告知義務(非由當事人提供)	(非)公務機關利用，除有例外情形，應告知當事人特定事項(第9條) 違反者，屬於第12條之違反本法規定	例如媒體透過特殊管道取得第一家庭的銀行帳戶資料，就屬於排除條款，不必告知當事人資料來源等資料
06	主動刪除、停止處理或利用之義務	蒐集目的消失或期限屆滿，就應該主動刪除、停止處理或利用之義務(第11條)	例如偵辦案件所蒐集的資料，並不會因為案件的結束而刪除，但歸檔時則該當停止處理或利用

(接79頁表格)

● 立法之不當

只是依據本法第18條後半段「維護個人資料安全義務」，如果沒有違反，難道就不用通知了嗎？這樣子的解釋，似乎又與保護當事人個人資料的立法意旨有違，情感上卻會存在著「道德掙扎」的現象。為什麼會出現道德掙扎，過去無論是政府或民間，誰會願意通知？通知就代表著「快點來向我請求損害賠償」，所以誰會願意通知？誰會認為自己有「違反本法規定」呢？恐怕最後解釋的結果是：「本單位並未違反相關規定，所以並無須負擔通知義務」；或者是「查明」久一些，一直沒有發現外洩原因，所以一直沒有通知。

本文認為，本條文的重點應該是在於個人資料竊取、洩漏、竄改或其他侵害，就應該讓當事人能知悉其情事，並做出適當的預防措施，以防止其他衍生性的損害發生。舉個例子，SONY的兩個網站曾經遭到入侵，信用卡與許多敏感性資料都被竊走，必須要立即通知使用者，更換信用卡、變更帳號密碼，以避免被犯罪集團使用。

只是在條文用語上，仍有可能做出不必通知的解釋。為了貫徹保障當事人權利，有必要修法讓條文更加明確化。因此，此一立法上之規範，確實對於民眾之權益未能有更完善之保障，則必須修法才能改變現有法令所產生之不適當結果，故宜於下次修正個資法時，列為修正方向之一，修正成只要外洩，就要通知，而不必管有沒有違反本法規定，建議條文可修正成「公務機關或非公務機關所有之個人資料被竊取、洩漏、竄改或其他侵害者，應儘速以適當方式通知當事人並查明原因。」

(接77頁表格)

編號	項目	說明	舉例
07	公開資訊義務	公務機關應將特定事項公開於電腦網站(第17條) 違反者，屬於第12條之違反本法規定	
08	指定專人辦理維護個人資料安全義務	公務機關保有個人資料檔案者，應指定專人辦理安全維護事項，防止個人資料被竊取、竄改、毀損、滅失或洩漏。(第18條) 違反者，屬於第12條之違反本法規定	並不是每一種資料都要有不同的專人維護，也可以是由專人兼辦安全維護事項

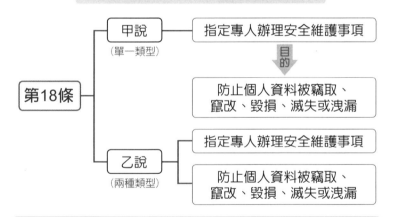

維護個人安全資料義務之學說

第18條
- 甲說（單一類型）— 指定專人辦理安全維護事項
  - 目的 → 防止個人資料被竊取、竄改、毀損、滅失或洩漏
- 乙說（兩種類型）
  - 指定專人辦理安全維護事項
  - 防止個人資料被竊取、竄改、毀損、滅失或洩漏

甲說：將會導致個資法第12條及第28條均難以成立。因為要符合本法規定相當容易，因為只要專人管理就不構成「違反本法規定」。

乙說：(採取較為寬鬆之見解)導致個資法第12條及第28條較容易成立，只要成立其中一種類型，就會觸犯法令，本文亦採此一見解。

● 通知的方法

本法第12條所稱適當方式通知,指即時以言詞、書面、電話、簡訊、電子郵件、傳真、電子文件或其他足以使當事人知悉或可得知悉之方式為之。但需費過鉅者,得斟酌技術之可行性及當事人隱私之保護,以網際網路、新聞媒體或其他適當公開方式為之。(施細§22 I)目前最節省費用之通知方式當屬網際網路,而為了讓當事人更快速地得知資料外洩事實,透過網際網路或新聞媒體等快速傳播之管道,當然是值得肯定與支持。

但怎麼樣才是「需費過鉅」?

如果要通知的對象是1萬人,每個人郵寄費用是5元,則總共是5萬元,依據一般人的想法,5萬元對於政府機關或企業而言,很難認為是需費過鉅。

但是如果是100萬人,每個人郵寄費用是5元,則就高達500萬元,就可以被認定是需費過鉅。

依本法第12條通知當事人,其內容應包括個人資料被侵害之事實及已採取之因應措施。(施細§22 II)

● 違反通知義務之處罰

公務機關違反本條規定而隱匿不為通知者,其上級機關應查明後令其改正,如有失職人員,得依法懲處;非公務機關違反本條規定而隱匿不為通知者,其主管機關得依第48條第2款規定限期改正,屆期仍不改正者,得按次處以行政罰鍰。

【第一起個資外洩事件】

　　遠東銀行101年11月22日發布聲明稿表示，經調查，部分信用卡客戶的申請資料遭外洩，是該行離職的方姓員工個人不法行為，遠東銀行將對他及相關竊取資料者提出民事、刑事訴訟。

　　接下來呢？

　　反正遠東銀行已經「查明」部分是方姓員工所為，針對該部分資料外洩的被害人，應該依據個資法第12條之「通知」。

　　通知完會怎麼樣呢？

　　被通知的被害人，則可以依據個資法第29條請求民事賠償。

常見問題

如果隨身碟或電腦在外失竊，是否需要通知？

【解答】

如果採取乙說要件較為寬鬆之見解，其行為已經違反本法規定，且本條之內容為「…致個人資料被竊取、洩漏、竄改或其他侵害…」，所以只要失竊，就必須通知當事人。因此，並不以該資料做非法利用為限，資料遺失後，在犯罪集團尚未使用前，即已破獲並將資料全數追回，並未進一步遭犯罪目的之使用與提供予其他第三人，而沒有具體的損害發生，仍然需要通知。

竊取、洩漏、竄改或其他侵害，與蒐集、處理或利用之差別？

【解答】

蒐集、處理、運用，是指公務機關或非公務機關對於個人資料之作為。而竊取、洩漏、竄改或其他侵害，則是侵害者的行為手段。

例如某單位建置了一個市民社會活動型態資料庫，這就是蒐集、處理或運用；而駭客進行入侵並進而竊取資料，則是屬於竊取的行為。

12.

新舊法適用之告知

● 基本規定：非由當事人提供

本法修正施行前非由當事人提供之個人資料，依第9條規定應於處理或利用前向當事人為告知者，應自本法修正施行之日起1年內完成告知，逾期未告知而處理或利用者，以違反第9條規定論處。(個資§54)

由於本修正條文擴大適用範圍，原本不受本法規範從事個人資料蒐集、處理或利用者，修法後均將適用本法，惟其在本法修正施行前已蒐集完成之個人資料(該等資料大多屬於間接蒐集之情形)，雖非違法，惟因當事人均不知資料被蒐集情形，如未給予規範而繼續利用，恐仍會損害當事人權益，是以自宜訂定過渡條款，明定一定期間內應向當事人完成告知，逾期未告知當事人仍處理或利用該資料者，則以違反第9條規定論處，期能兼顧當事人與資料蒐集者雙方權益，以落實個人資料之自主控制。

● 由當事人提供的資料

本法修正施行前已蒐集或處理由當事人提供之個人資料，於修正施行後，得繼續為處理及特定目的內之利用；其為特定目的外之利用者，應依本法修正施行後之規定為之。(施細§32)

本法第54條係規範本法修正施行前非由當事人提供之個人資料，雖非違法，惟因當事人均不知資料被蒐集情形，如未給予規範而繼續利用，恐仍會損害當事人權益，故訂定過渡條款，以資適用。反面解釋，如屬由當事人提供之個人資料，為避免新舊法銜接之適用疑慮，爰於本條規定本法修正公布施行前公務機關或非公務機關已蒐集由當

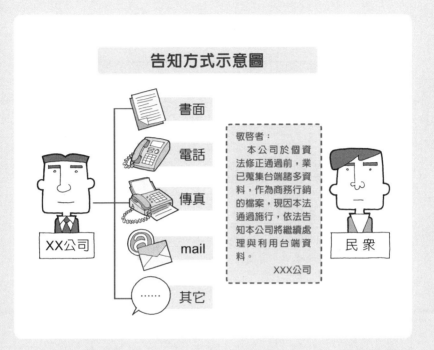

告知方式示意圖

敬啟者：
　　本公司於個資法修正通過前，業已蒐集台端諸多資料，作為商務行銷的檔案，現因本法通過施行，依法告知本公司將繼續處理與利用台端資料。
　　　　　　XXX公司

XX公司

民眾

事人提供之個人資料，於修正施行後，得依本法有關個人資料保護之規定，繼續為蒐集、處理及特定目的內之利用，以資明確。至於如欲為特定目的外之利用，自當依本法修正施行後之規定為之。

● **告知方式**

　　本條規定所定告知之方式，得以言詞、書面、電話、簡訊、電子郵件、傳真、電子文件或其他足以使當事人知悉或可得知悉之方式為之。(施細§13)

　　個人資料之蒐集，事涉當事人之隱私權益。為使當事人明知其個人資料被何人蒐集及其資料類別、蒐集目的等，本法規定告知義務，俾使當事人能知悉其個人資料被他人蒐集之情形，以落實個人資料之自主控制。準此，蒐集者應以個別通知之方式讓當事人知悉，只是目

個人資料保護法部分條文修正草案條文對照表

修正條文	現行公布條文 (99年五月26日修正公布)	說　明
第五十四條 I 本法中華民國99年5月26日修正公布之條文施行前，非由當事人提供之個人資料，於本法○年○月○日修正之條文施行後為處理或利用者，應於處理或利用前，依第9條規定向當事人告知。 II 前項之告知，得於本法中華民國○年○月○日修正之條文施行後首次利用時併同為之。 III 未依前二項規定告知而利用者，以違反第9條規定論處。	第五十四條 本法修正施行前非由當事人提供之個人資料，依第9條規定應於處理或利用前向當事人為告知者，應自本法修正施行之日起一年內完成告知，逾期未告知而處理或利用者，以違反第9條規定論處。	一、由於本法99年5月26日修正公布條文擴大適用範圍，原本不受本法規範從事個人資料蒐集、處理或利用者，修法後均將適用本法，惟其在本法99年5月26日修正公布之條文施行前已蒐集完成之個人資料（該等資料大多屬於間接蒐集之情形），雖非違法，惟因當事人均不知資料被蒐集情形，如未給予規範而繼續利用，恐仍會損害當事人權益，是以自宜訂定過渡條款，明定應向當事人完成告知，未告知當事人仍於本次修正之條文施行後處理或利用該資料者，則以違反第九條規定論處，期能兼顧當事人與資料蒐集者雙方權益。另一方面考量實際上執行有困難，且於修正條文施行後亦僅課予蒐集者於蒐集、處理或利用前為告知，故本法中華民國99年5月26日修正公布之條文施行前已蒐集之個人資料，應無課予更重責任之必要，爰參酌第9條規定之立法精神，將第1項所定1年內完成告知之期限規定，修正為蒐集者於本次修正施行後為處理或利用者，應於處理或利用前，依第九條規定向當事人告知。

（續下頁）

修正條文	現行公布條文 （99年五月26日修正公布）	說　明
		二、又本法99年5月26日修正公布之條文施行前非由當事人提供之個人資料，於本法99年5月26日修正公布之條文施行後至本次修正之條文施行前為處理或利用者，則不在本條規範範圍，併予敘明。 三、參照第9條第3項規定，增訂第2項，明定第1項之告知得於本次修正之條文施行後首次對當事人為利用時併同為之。 四、現行公布條文後段「逾期未告知而處理或利用者，以違反第九條規定論處」移至第3項，並酌作文字修正；同時配合第2項之增訂，修正為未依第1項、第2項告知而利用者，始以違反第九條規定論處，以期明確。另本法99年5月26日修正公布之條文施行前非由當事人提供之個人資料，依修正條文第1項規定亦包含適用本法第9條第2項免為告知之規定，併予敘明。

＊筆記＊

3

[公務機關對個人資料之蒐集、處理及利用]

本章節是探討專屬於公務機關的規定，其具體內容與非公務機關的差距並不會太大，但非公務機關因為受到監督管理，所以條文規範內容較多，公務機關的部分相對來說就較為簡單。

1.

蒐集、處理之要件

公務機關對個人資料之蒐集或處理，除第6條第1項所規定資料外，應有特定目的，並符合下列情形之一者：(個資§15)

一、執行<u>法定職務</u>必要範圍內。(參照本書第42頁「法定職務之定義」)
二、經當事人書面同意。
三、對當事人權益無侵害。

公務機關蒐集或處理個人資料，對當事人權益影響頗大，自應明確規定執行法定職務且在必要範圍內，始得為之。例如主計處蒐集民眾的平均每人月消費的金額，為執行法定職務必要範圍，也符合其特定目的(如統計項目)，則當然可以蒐集之。

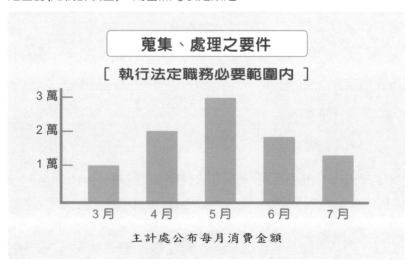

蒐集、處理之要件

[執行法定職務必要範圍內]

主計處公布每月消費金額

蒐集、處理之要件

[當事人同意]

補習班業者

考生

[當事人權益有無侵害]

銀行業者

銀行客戶

2.

利用之要件

公務機關對個人資料之利用，除第6條第1項(敏感性資料)所規定資料外，應於執行法定職務必要範圍內為之(法定職務之定義參照本書第42頁)，並與蒐集之特定目的相符。但有下列情形之一者，得為特定目的外之利用：(個資§16)

一、法律明文規定。(參照本書第42頁「法律」之定義)
二、為維護國家安全或增進公共利益。
三、為免除當事人之生命、身體、自由或財產上之危險。
四、為防止他人權益之重大危害。
五、公務機關或學術研究機構基於公共利益為統計或學術研究而有必要，且資料經過提供者處理後或蒐集者依其揭露方式無從識別特定之當事人。
六、有利於當事人權益。
七、經當事人書面同意。

本法第16條第5款規定，為促進資料合理利用，以統計或學術研究為目的，應得准許特定目的外利用個人資料，惟為避免寬濫，所以限制公務機關或學術研究機構基於公共利益且有必要，始得為之。另該用於統計或學術研究之個人資料，經提供者處理後或蒐集者依其揭露方式，應無從再識別特定當事人，始足保障當事人之權益。

　　本款所稱資料經過處理後或依其揭露方式無從識別特定當事人，指個人資料以代碼、匿名、隱藏部分資料或其他方式，無從辨識該特定個人。(施細§17)

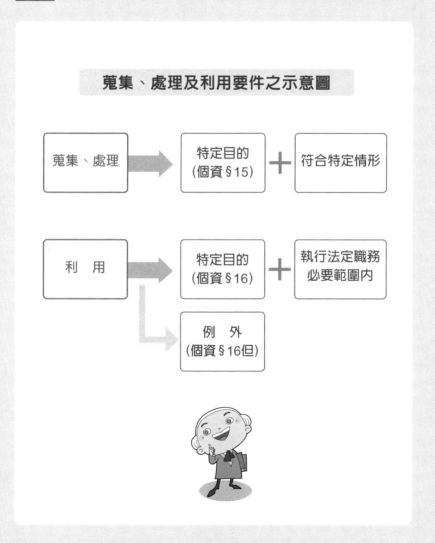

蒐集、處理及利用要件之示意圖

常見問題

若戶政、稅捐等公務機關提供司法機關調閱相關當事人資料，或提供資料檔案協助建立犯罪資料庫，以供偵辦案件之用，是否需要通知當事人？

【解答】

1. 先探討(戶政、稅捐等公務機關)可不可以提供當事人之個人資料給司法單位？
   可以。因為依據個人資料保護法第16條(利用)規定得為特定目的外之利用有除外規定：第1款：法律明文規定。第2款：為維護國家安全或增進公共利益。

2. 其次，再探討(戶政、稅捐等公務機關)需不需將提供資料給司法機關的事實，通知當事人？
   無相關規定須通知當事人。

3. 最後，司法機關利用資料時，因為非由當事人提供，是否需要告知當事人？
   不需要。可依據本法第9條之除外規定。

若稅捐機關向法院調閱資料，公文上該如何表示其係屬合法調閱資料？

【解答】

組織法通常會表明自己有權利向其他單位請求「行政協助」，提供相關資料，以完整組織法所規定之職掌事項。下列為參考範例：

主旨：因稅務案件需要，惠請提供xxx民國xx年度擔任當事人訴訟代理人之統計資料，請查照。

說明：依據財政部組織法第12條規定及財政部各地區國稅局組織通則，本單位掌理「國稅各項課稅資料之調查蒐集、電子作業、資訊處理及運用事項」。

【案例模擬】

某民意代表以施政質詢為名義，調閱某公務機關之員工資料，但取得資料之後，卻未將該資料用於施政質詢，反而成為發送紅白帖之資料。

實務上，民意代表常向各機關調閱資料，若符合個資法規定，於執行法定職務必要範圍內，且有特定目的。當然可以蒐集與處理資料，基於行政協助之概念，相關被調閱資料之公務機關也當然應該提供之。

立法院調閱資料主要是依據立法院組織法第2條第1項規定：「立法院行使憲法所賦予之職權。」而依據憲法規定第57條第1款後段規定：「立法委員在開會時，有向行政院院長及行政院各部會首長質詢之權。」

利用方面，於執行法定職務必要範圍內為之，並與蒐集之特定目的相符，當然可以加以利用。民意代表對於施政質詢，就是屬於合法利用之具體案例。但是蒐集的目的如果是進行質詢，但是卻拿來作為發送紅白帖的資料、選舉打擊對手之用，或其他與蒐集目的不相符者，當然就屬於違法利用之行為，而須負擔本法規定的法律責任。

3.

公眾查閱義務

● 基本規定

　　公務機關應將下列事項公開於電腦網站，或以其他適當方式供公眾查閱；其有變更者，亦同：(個資§17)

> 一、個人資料檔案名稱。
> 二、保有機關名稱及聯絡方式。
> 三、個人資料檔案保有之依據及特定目的。
> 四、個人資料之類別。

● 公眾查閱的適當方式

　　鑑於目前國人使用網際網路極為普遍，因此公務機關依現行條文規定應公告事項，如能張貼公開於機關電腦網站，將更有利於民眾查閱，且更新上會更為便利。惟慮及城鄉差距及電腦使用普及率等等因素，仍保留其他供公眾查閱之適當方式，例如：刊登政府公報等。

　　公務機關依本法第17條規定為公開時，應於建立個人資料檔案後1個月內為之；變更時，亦同。公開方式應予以特定，並避免任意變更。(施細§23Ⅰ)為使民眾有固定管道並處於可得隨時知悉公務機關蒐集、處理或利用之情形，故公開方式要特定，常時揭載，並避免任意變更。

　　本法第17條所稱其他適當方式，指利用新聞紙、雜誌、政府公報、電子報或其他可供公眾查閱之方式為公開。(個資§23Ⅱ)

公眾查閱示意圖

原來稅務單位蒐集這麼多種資料，好像白色恐怖喔！

常見問題

公務機關是否可以選擇不公開個人資料檔案？

【解答】

第17條應屬「訓示規定」，因為違反規定並沒有罰則或其他法律效果。因此，「公開義務」之不履行，並不會影響公務機關依法蒐集、處理或利用個人資料之權力。

舊法第10條針對公務機關保有個人資料檔案者，應在政府公報或以其他適當方式公告之規定，舊施行細則第14-18條針對公告之方式有細部規定，業已頗為完善，只是過去各單位未予重視而實際落實。

如果依據特別法規定不予公開，應優先適用。例如檔案法第16條規定所制定的「機密檔案管理辦法」，其中第5條規定：「機密檔案目錄，不予彙送公布。」應可做為不公開的依據，但仍須符合國家機密保護法中對於「機密」認定之規範。

依個資法17條規定，公務機關未將個人資料檔案公開，是否即屬違反個資法15、16條之規定？

【解答】

本法第17條與第15、16條之規定並不相同，兩者似無直接關聯性。

4.

專人辦理安全維護及維護個人資料安全義務

● 基本規定

公務機關保有個人資料檔案者，應指定專人辦理安全維護事項，防止個人資料被竊取、竄改、毀損、滅失或洩漏。(個資§18)本法所稱適當安全維護措施、安全維護事項或適當之安全措施，指公務機關或非公務機關為防止個人資料被竊取、竄改、毀損、滅失或洩漏，採取技術上及組織上之必要措施。(施細§12Ⅰ)公務機關保有個人資料檔案者，應訂定個人資料安全維護規定。(施細§24)

● 安全維護必要措施之內容

為確保個人資料檔案之合法且正當蒐集、處理或利用，應辦理安全維護之必要措施內容，且為與國際接軌，乃仿英國BS10012：2009等個人資料管理系統之規範，以P-D-C-A方法論予以建立。故依據本細則第12條第2項規定，前(1)項必要措施，得包括下列事項：(施細§12Ⅱ)

一、配置管理之人員及相當資源。
二、界定個人資料之範圍。
三、個人資料之風險評估及管理機制。
四、事故之預防、通報及應變機制。
五、個人資料蒐集、處理及利用之內部管理程序。

六、資料安全管理及人員管理。

七、認知宣導及教育訓練。

八、設備安全管理。

九、資料安全稽核機制。

十、使用紀錄、軌跡資料及證據保存。

十一、個人資料安全維護之整體持續改善。

● 制定保護管理要點

施行細則第12條第2項的規定，並不是要求要買產品，主要著眼的重點在於內部制度、流程的建置。所以坊間許多批評個資法是圖利資訊安全產業的批評，恐怕過於武斷，因為對於一般產業而言，並沒有規定要買什麼產品。

目前各政府機關應該要制定內部之保護管理要點，建立個人資料保護的內部管理流程，以符合此一規定之要求，相關範本可上網搜尋或參考本書第96-101頁，可參照各單位特殊需求加以修改，也可以上網參考最原始範本之「法務部個人資料保護管理要點」。

● 專人

本法第18條所稱專人，指具有管理及維護個人資料檔案之專業能力，且足以擔任機關之個人資料檔案安全維護經常性工作之人員。(施細§25 I) 為使專人之職位更為明確，所以於第1項明定係指具有管理及維護個人資料檔案之能力，且其人力足以承擔機關個人資料檔案安全維護經常性工作之人員，該人力得以團隊方式執行職務。

公務機關為使專人具有辦理安全維護事項之能力，應辦理或使專人接受相關專業之教育訓練。(施細§25 II)相關專業，係指以個人資料保護為中心之教育訓練，包括資訊安全、隱私保護、推論控制之控

XX單位個人資料保護管理要點

XX年XX月XX日XX字第XXXXXXXXXX號函發布

壹、總則

一、XX單位為依個人資料保護法(以下簡稱本法)對本處所保有個人資料進行管理、維護與執行等事宜,特訂定本要點。

二、為落實保有個人資料之保護與管理,得組成個人資料保護管理執行小組(以下稱執行小組),其成員由處長指定之,並指定一人為召集人,統籌督導執行小組。

執行小組應辦理下列事項:

㈠擬定本處個人資料保護之方針。

㈡依政策要求發展個人資料管理制度。

㈢隱私風險之評估及管理方式。

㈣各單位專人教育訓練及職員工個人資料保護意識提升之計畫。

㈤評估個人資料管理制度基礎設施之提供及維持。

㈥持續檢視個人資料管理制度是否符合法律、司法實務及科學技術之變更。

㈦其他個人資料保護執行事項。

三、各單位應指定專人辦理單位內下列事項:

㈠當事人行使本法第十條及第十一條所定權利之處理流程規劃及第十二條所定違反個資法之通知。

㈡公開本法第十七條規定事項於電腦網站,或以其他適當方式供公眾查閱。

㈢個人資料檔案安全維護之規劃。

㈣單位內職員工個人資料保護意識之提昇。

㈤個人資料保護事項之協調連繫。

㈥損害之預防及危機處理應變之通知。

㈦遵循個人資料保護政策、協助監督及自行查核單位內個人資料保護相關事項。

貳、資料保護原則與範圍

四、本要點之個人資料範圍爲各機關所遞送紙本文件及本處支付系統內之個人資料，包括：受款人之姓名、住址、電話號碼、電子郵遞地址、銀行帳户號碼與姓名及其他任何可辨識資料本人者。

五、下列各款爲蒐集、處理或利用個人資料之特定目的項目：

㈠011立法或立法諮詢
㈡017合法性審計
㈢020存款與匯款業務管理
㈣037客户管理
㈤043退撫基金或退休金管理
㈥053教育或訓練行政
㈦060統計調查與分析
㈧063會計與相關服務
㈨065資訊與資料庫管理
㈩093其他中央政府
(十一)094其他公共部門
(十二)099其他財政收入
(十三)100其他財政服務

隨不同單位而有所變動

(十四)其他爲執行法定職務而經本處新增公告之特定目的。

參、個人資料之蒐集、處理及利用

六、個人資料之蒐集、處理或利用，應確實依本法第五條規定爲之，其有疑義者，應由專人報請執行小組處理。

七、蒐集當事人個人資料時，應明確告知當事人下列事項。但符合本法第八條第二項規定情形之一者，不在此限：

㈠機關或單位名稱。

㈡蒐集之目的。

㈢個人資料之類別。

㈣個人資料利用之期間、地區、對象及方式。

㈤當事人依本法第三條規定得行使之權利及方式。

㈥當事人得自由選擇提供個人資料時，不提供對其權益之影響。

八、蒐集非由當事人提供之個人資料，應於處理或利用前，向當事人告知個人資料來源及本法第八條第一項第一款至第五款所列事項。但符合本法第九條第二項規定情形之一者，不在此限。

前項之告知，得於首次對當事人爲利用時併同爲之。

九、依本法第十五條第二款及第十六條第七款規定應經當事人書面同意者，其書表格式依附表所示。

十、本法第十六條但書規定，就個人資料爲特定目的外之利用時，應專案核准後爲之，並應紀錄個人資料之相關利用歷程。

對於個人資料之利用，不得爲資料庫之恣意連結，且不得濫用。

十一、保有之個人資料有誤或缺漏者，由各該承辦單位依規定主動更正或補充之。其相關紀錄應予留存。

前項紀錄留存期間，各依紙本或電子資料之保存年限或其他法令所定期間。

前項更正或補充後之個人資料，應通知曾提供利用之對象。

十一、保有之個人資料正確性有爭議者，由各該承辦單位簽報單位主管或其授權代簽人核准後，主動停止處理或利用該個人資料。但符合本法第十一條第二項但書情形者，不在此限。

十二、保有之個人資料其蒐集之特定目的消失或期限屆滿時，應由各該承辦單位依規定主動刪除、停止處理或利用。但符合本法第十一條第三項但書情形者，不在此限。

個人資料已刪除、停止處理或利用者，各該承辦單位應確實記錄。

十三、違反本法規定，致須依本法第十一條第四項刪除、停止蒐集、處理或利用個人資料者，應簽報單位主管或其授權代簽人核准後為之。

個人資料已刪除、停止處理或利用者，各該承辦單位應確實紀錄。

十四、違反本法規定致發生個人資料被竊取、洩漏、竄改或其他侵害情事者，應儘速查明，並由各承辦單位簽報單位主管或其授權代簽人核准後，以適當方式通知當事人。

肆、當事人權利行使之方式

十五、當事人行使本法第十條或第十一條第一項至第四項所定權利者，應檢附相關證明文件向本處正式提出書面申請為之。

前項申請案件有下列情形之一者，應以書面通知駁回其申請：

㈠相關書件內容有遺漏或欠缺，經通知補正逾期未補正者。

㈡有本法第十條但書各款情形之一者。

㈢有本法第十一條第二項但書或第三項但書情形者。

㈣其他與法令規定不符者。

七、當事人依本法第十條規定提出之請求,由各承辦單位簽報單位主管或其授權代簽人核准後,於十五日內為准駁之決定。

前項之准駁決定,必要時得予延長,延長期間不得逾十五日,並應將其原因書面通知當事人。

當事人閱覽其個人資料,應由承辦單位派員陪同為之。

八、當事人依本法第十一條第一項至第四項規定提出之請求,應於三十日內為准駁之決定。

前項之准駁決定,必要時得予延長,延長期間不得逾三十日,並應將其原因書面通知請求人。

九、個人資料檔案,其性質特殊而不應公開其檔案名稱者,得依政府資訊公開法或相關法律規定,限制公開或不予提供。

伍、個人資料檔案安全維護

一、本處指定之個人資料檔案安全維護專人,應依本要點及相關法令規定,以及本處資訊安全管理制度(ISMS)相關管理規範辦理個人資料檔案安全維護事項,防止個人資料被竊取、竄改、毀損、滅失或洩露。

二、個人資料檔案應建立管理制度,分級分類管理,並訂定對外提供資料相關管理規範。

三、為強化個人資料檔案資訊系統之存取安全,防止非法授權存取,維護個人資料之隱私性,應建立個人資料檔案安全稽核制度,由稽核人員定期查考。

前項個人資料檔案資訊系統之帳號、密碼、權限管理及存取紀錄等相關管理事宜,依本處「存取控制程序書」及「帳號及通行密碼管理作業說明書」辦理之。

第一項個人資料檔案安全稽核之運作組織、稽核頻率與稽核所應注意之相關事項,依本處「資訊安全內部稽核程序書」辦理之。

三、遇有個人資料檔案發生遭人惡意破壞毀損、作業不慎等危安
　事件，或有駭客攻擊等非法入侵情事，各單位如遇非資訊面
　之個資外洩事件，應迅速通報至本處個人資料保護執行小
　組，進行緊急因應措施；如屬資訊面之個資外洩事件，應依
　本處「事件通報處理作業說明書」迅速通報至本處資通安全
　處理小組之資安聯絡人員，依規定上網通報至行政院國家資
　通安全會報緊急應變中心，並副知XX單位。

四、個人資料檔案安全維護工作，除本要點外，並應符合行政院
　及本處訂定之相關資訊作業安全與機密維護規範。

陸、通知公開、協調聯繫與執行合作

五、爲便利公務機關間之協調聯繫及緊急通報應變，應設置個資
　保護聯絡窗口，其辦理事項如下：

　㈠公務機關間個資業務之協調聯繫。

　㈡非資訊面個資安全事件之通報。

　㈢重大個資外洩事件之民眾聯繫單一窗口。

　㈣統籌本處專責人員之資料更新及製作名錄。

　㈤統籌提報本處專責人員及職員工教育訓練之名單及其受訓
　　記錄。

六、各單位專人應依本法與本要點及其相關執行措施之要求，將
　處理個人資料之結果簽會執行小組，並報請單位主管或其授
　權代簽人核閱。執行小組有要求者，亦同。

柒、附則

七、受委託蒐集、處理或利用個人資料者，準用本要點。

八、本要點如有未盡事宜，由執行小組隨時檢討修正之。

九、本要點自發布日施行。

施行細則第12條之必要措施內容,這種規定的方式是否有圖利資訊安全設備廠商與提供相關服務業者之嫌?

【解答】

施行細則第12條之必要措施內容,看起來可大可小,並沒有說一定要購買相關設備,大多是一些程序事宜,當然購買一定的產品是最快達成目標的方式,但也並非唯一選項,其具體內容是否符合「必要措施」,應該隨企業規模與受保護個人資料之價值來做衡量。

以中國信託來說,總不會安裝個防火牆、防毒軟體就夠了,銀行業者的個人資料相當多也很重要,應該要賦予更大的防護義務,不能因為本規定就推說是圖利廠商而不履行。反之,若只是一般小規模的企業,裝了防火牆、防毒軟體,以過去的標準可能就很足夠,現行規定只是要求在強化一些內部流程的制定,其實並不為過。況且本細則第12條第2項規定為「得」而非「應」。

● 買產品就夠了嗎?

施行細則第12條之必要措施內容,列出應該要做的項目,是否就是產品清單?舉個例子,有位女子名叫 "個資",對愛慕他的男子(企業主)表示:請表達出對我的愛意吧!男子就聽從賣花友人(資安廠商)的建議說:買束花(資安產品)吧!男子就買了束花(資安產品)。

但是買花(資安產品)就夠了嗎?

本條第2項第10款規定:「使用紀錄、軌跡資料及證據之保存。」本規定是希望能做一些行為,買花(資安產品)是此一行為表現的方式之一,但並不定要買花(資安產品),也可以口頭說愛妳來表達。從保護個人資料的目的來說,不須另購產品,以現有系統或流程也往往可以達此相同的目的。

買花不等同表達愛意示意圖

● **比例原則**

　　施行細則第9條第1項必要措施，得包括下列事項，並以與所欲達成之個人資料保護目的間，具有適當比例者為原則：(細則§12Ⅱ) 技術上與組織上之必要措施，對公務機關或非公務機關而言，實已與所欲達成之個人資料保護目的間不符適當比例。

　　舉個例子，你如果在懸崖上看到一串葡萄，為了滿足自己的口腹之慾，是否願意冒著生命危險爬下懸崖摘那串葡萄。應該沒有人會這麼傻，願意用生命換一串葡萄。

　　換個例子，如果在懸崖上看到一株天山雪蓮，能夠解救自己重病的愛人，是否願意冒著生命危險爬下懸崖呢？這個答案可能就不一樣了，對於某些深愛自己另外一半的痴人來說，用生命換一株天山雪蓮，這絕對是值得的。

　　這兩個例子也就是比例原則的概念。(比例原則體系圖如右頁)

● **該花多少錢才符合比例？**

　　這是許多人所關心的問題。甲企業在資訊科技(IT)投資中，因為過去曾經發生過資訊安全事件，所以投入的金額較高，20億元。可能很少有企業能投資這麼多錢，況且每家公司的資本額、規模不盡相同，以金額來比較，恐怕會有失公允。因此，可以參考前一年度，或前幾個年度的年度整體資安支出佔整體資訊科技(IT)的比例，例如某單位調查2010年是5%，這一個數據即可做為建立相關機制的參考。

　　當然若是有更細密的資訊可供參考，如不同產業別可能有不同的比例，銀行業的比例應該比較高，紡織業的比例應該比較低；一般來說，政府行政機關的資安要當表率，支出比例可能會高達8%；公營事業機構則次之，可能是6%；接著則是私立學校，占4.7%；至於以營利為目的的民營企業，大約只有4.5%。總之，如果不知道該拿多少資金出來，想辦法找一些數據，作為建置相關機制的參考。如此一來，也可以找出適合自己企業的投資額，以符合「必要措施」之要件。

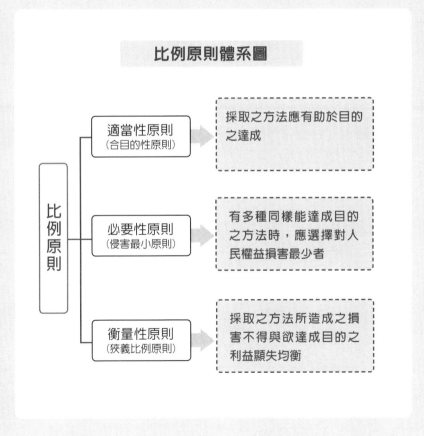

比例原則體系圖

- 比例原則
  - 適當性原則（合目的性原則）→ 採取之方法應有助於目的之達成
  - 必要性原則（侵害最小原則）→ 有多種同樣能達成目的之方法時，應選擇對人民權益損害最少者
  - 衡量性原則（狹義比例原則）→ 採取之方法所造成之損害不得與欲達成目的之利益顯失均衡

4

第 四 篇

[非公務機關對個人資料之蒐集、處理及利用]

從本法第19條規定，將進入有關於非公務機關的部份，這部份的條文佔個資法相當大的比例，雖然架構上與公務機關的部份有些類似，但是仍有許多差異，必須要加以區分，於第19條規定蒐集、處理的要件，第20條規定利用之要件。

1.

蒐集、處理之要件

● 基本規定

非公務機關對個人資料之蒐集或處理，除第6條第1項所規定資料外，應有特定目的，並符合下列情形之一者：(個資§19Ⅰ)

一、法律明文規定。(參照本書第42頁「法律」之定義)

二、與當事人有契約或類似契約之關係。

三、當事人自行公開或其他已合法公開之個人資料。

四、學術研究機構基於公共利益為統計或學術研究而有必要，且資料經過提供者處理後或蒐集者依其揭露方式無從識別特定之當事人。

五、經當事人書面同意。

六、與公共利益有關。

七、個人資料取自於一般可得之來源。但當事人對該資料之禁止處理或利用，顯有更值得保護之重大利益者，不在此限。

蒐集或處理者知悉或經當事人通知依前項第7款但書規定禁止對該資料之處理或利用時，應主動或依當事人之請求，刪除、停止處理或利用該個人資料。(個資§19Ⅱ)

● 立法理由與條文說明

本條僅適用在一般個人資料，如果是特種(敏感性)資料之蒐集或處理，仍應依本法第6條規定為之。

其次，本條第1項第3款規定，當事人自行公開之個人資料，已欠缺合理隱私的期待，並無保護必要。至於非由當事人公開之情形，有合法公開與非法公開，如非法公開之個人資料得由他人任意蒐集、處理，對當事人隱私權之保護勢必不週。是以，將本(3)款規定修正為「已合法公開之個人資料」。(參照本書第42頁及施細§13Ⅰ、Ⅱ)

本條第1項第4款，也有學術或公益目的特殊處理之個人資料之規定。學術研究機構基於統計或學術研究目的，經常會蒐集個人資料，如依其統計或研究計畫，當事人資料經過提供者匿名化處理，或蒐集者就其公布揭露方式無從再識別特定當事人者，應無侵害個人隱私權益之虞，應可允許其蒐集、處理個人資料，以促進資料之合理利用。惟為避免寬濫，僅限制學術研究機構基於公共利益而有必要者，始得為之。

本款所稱資料經過處理後或依其揭露方式無從識別特定當事人，指個人資料以代碼、匿名、隱藏部分資料或其他方式，無從辨識該特定個人。(施細§17)

【第2款：契約或類似契約】

本法第19條第1項第2款所稱契約或類似契約之關係，不以本法修正施行後成立者為限。(施細§26)由於契約或類似契約之關係具有持續性，且修正施行前本法第18條已有規範，人民應有信賴之期待可能性，不致產生衝擊，無須重新締約。

本法第19條第1項第2款所定契約關係，包括本約，及非公務機關與當事人間為履行該契約，所涉及必要第三人之接觸、磋商或聯繫行為及給付或向其為給付之行為。(施細§27Ⅰ)

本法第19條第1項第2款所稱類似契約之關係，指下列情形之一者：(施細§27)

一、非公務機關與當事人間於契約成立前，為準備或商議訂立契約或為交易之目的，所進行之接觸或磋商行為。(施細§27Ⅱ①)非公務機關與當事人間於契約成立前，為準備或商議訂立契約所進行之接觸或磋商行為，均屬非公務機關與當事人間之信賴關係，爰參酌民法第245條之1第1項規定，修正如第1項第1款規定。

二、契約因無效、撤銷、解除、終止或履行而消滅時，非公務機關與當事人為行使權利、履行義務，或確保個人資料完整性之目的所為之連繫行為。(施細§27Ⅱ②)

【第5款：書面同意與電子簽章法】

　　如果無法適用其他款，可否透過網路讓當事人點選「同意」鍵，即可認為是同意呢？

　　如果讀者有注意到，現在有些網路下單的證券商網站，下單的確定鍵，已經改成「簽章」的字樣，代表說整個下單流程，透過數位簽章的程序，足以證明就是你下單買賣的股票。

　　一般而言之書面同意，通常必須簽名或蓋章，否則如果只有勾選，要事後證明當事人有同意就比較困難。依據電子簽章法第9條第1項規定：「依法令規定應簽名或蓋章者，經相對人同意，得以電子簽章為之。」所以若有採行電子簽章制度的業者應該就沒有問題，只是如果沒有採行電子簽章的業者，要符合書面同意的要件，還是必須以實體書面取得當事人簽名的方式為之。

電子簽章流程示意圖

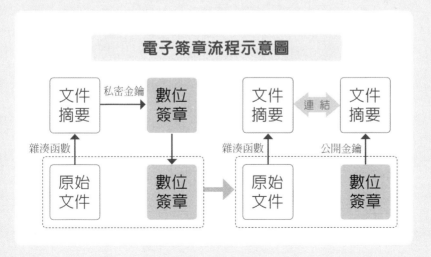

【第6款：具有公共利益情形】

由於新聞自由屬於憲法第11條所保障言論自由之範圍，其目的為使資訊流通順暢，並使人民參與公共事務能獲得最充分資訊之知的權利，以維持社會開放及民主程序之運作，使人民得有效地監督公共事務，新聞自由之制度性保障固有其存在之必要。然而，今日新聞媒體已非昔比，其所擁有之巨大影響力亦非任何政治實力可以掌握，稍有偏差，即有可能對於報導之個人造成難以彌補之傷害。從而，為維護人性尊嚴與個人主體性及尊重人格自由發展，隱私權亦為不可或缺之基本權利，尤其是資訊科技及傳播工具之發達，個人生活私密領域冤於他人侵擾及個人資料之自主控制，均有其必要，並受憲法第22條所保障(司法院大法官釋字第603號解釋參照)。

因此，公共事務之知的權利如涉及個人資料或個人隱私時，應特別慎重，以免過度侵入個人私的生活，故隱私權與新聞自由之界限有更具體明確之必要。新聞自由或知的權利與隱私權之衝突，如何確立二者間之界限，各國均陸續建立其判斷標準。在美國聯邦最高法院有關侵權行為或誹謗訴訟之判例中，以「新聞價值」(Newsworthiness)和「公眾人物」(Public Figure)為判斷標準，上開二概念最終仍以「公共的領域」，即「公共事務」或「與公共相關之事務」為必要條件，故新聞自由或知的權利與隱私權之界限，其劃定標準應在於「事」而非在於「人」，故「公共利益」已足供作為判斷標準並簡單明確，此亦與中華民國報業道德規範宗旨相符。

【第7款：個人資料取自於一般可得來源之情形】

　　由於資訊科技及網際網路之發達，個人資料之蒐集、處理或利用甚為普遍，尤其在網際網路上張貼之個人資料其來源是否合法，經常無法求證或需費過鉅，為避免蒐集者動輒觸法或求證費時，明定個人資料取自於一般可得之來源者，亦得蒐集或處理。舉個例子，現代人常常透過搜尋引擎查到相關資料，搜尋引擎查到的資料來源，往往不知從何而來，轉了多少手，如果要一一查證並進而取得同意，恐怕曠日費時，甚至於不可能取得同意，所以對於這種情況取得的資料，本法兼顧實際的情況，採行「先斬後奏」的制度。

　　只是這種先斬後奏的制度，還是有一定的界線，就是有無更重大值得保護的利益，本款但書為兼顧當事人之重大利益，如該當事人對其個人資料有禁止處理或利用，且相對於蒐集者之蒐集或處理之特定目的，顯有更值得保護之重大利益者，則不得為蒐集或處理，仍應經當事人同意或符合其他款規定事由者，始得蒐集或處理個人資料。

　　再者，依本條第7款但書規定，當事人對其個人資料有禁止處理或利用之情形，且蒐集或處理者知悉或經通知者，應立即刪除或停止處理或利用相關個人資料，以確實維護當事人顯有更值得保護之重大利益。(個資§19Ⅱ)

　　本法第19條第1項第7款所稱一般可得之來源，指透過大眾傳播、網際網路、新聞、雜誌、政府公報及其他一般人可得知悉或接觸而取得個人資料之管道。(施細§28)

2.

利用之要件

● 基本規定

非公務機關對個人資料之利用，除第6條第1項所規定資料外，應於蒐集之特定目的必要範圍內為之。但有下列情形之一者，得為特定目的外之利用：(個資§20 I)

一、法律明文規定。(參照本書第42頁「法律」之定義)
二、為增進公共利益。
三、為免除當事人之生命、身體、自由或財產上之危險。
四、為防止他人權益之重大危害。
五、公務機關或學術研究機構基於公共利益為統計或學術研究而有必要，且資料經過提供者處理後或蒐集者依其揭露方式無從識別特定之當事人。
六、經當事人書面同意。

本條僅適用在一般個人資料，特種(敏感性)資料之蒐集或處理，與前述蒐集、處理相同，仍應依本法第6條規定為之。

【第5款：公務、學術或公益目的特殊處理之個人資料】

　　為促進資料合理利用，對於公務機關執行法定職務，或學術研究機構基於公共利益，從事統計或學術研究工作，有必要蒐集個人資料者，被請求提供資料之非公務機關，應得允許特定目的外利用該個人資料，提供作統計或學術研究之用。惟為避免寬濫，應僅限公務機關或學術研究機構，始得為之，且該個人資料經過處理後或依其揭露方式，無從識別特定當事人，以保護個人資料之隱私權益。

　　本款所稱資料經過處理後或依其揭露方式無從識別特定當事人，指個人資料以代碼、匿名、隱藏部分資料或其他方式，無從辨識該特定個人。
(施細§17)

○○○打傷了○○○，所以○○○應該……

● 立即拒絕行銷之權利

非公務機關依前項規定利用個人資料行銷者，當事人表示拒絕接受行銷時，應即停止利用其個人資料行銷。(個資 § 20 II)

非公務機關依第一項規定，利用個人資料從事商品行銷時(包括特定目的內與特定目的外之利用)，如當事人擬拒絕接受該產品之行銷，只能依第3條規定，請求停止處理或利用或刪除其個人資料，往往緩不濟急。為尊重當事人拒絕接受行銷之權利，本法增訂第2項，明定當事人表示拒絕接受行銷時，非公務機關即應停止再利用其個人資料進行行銷。

舉個例子，許多民眾都會遇到的電話行銷，如筆者常常接到賣茶葉、銷售未上市股票、投顧公司，不知道從哪邊取得的電話號碼，希望你買茶葉、未上市公司股票，或者是參加投顧公司的會員，這時候就可以立即拒絕接受行銷，業者就不能再以這些資料來進行行銷行為。

● 立即拒絕行銷權利行使之方式

非公務機關於首次行銷時，應提供當事人表示拒絕接受行銷之方式，並支付所需費用。(個資 § 20 III)

為便利當事人表達拒絕接受行銷之意思表示，所以增訂第3項，規定非公務機關對當事人進行首次行銷時，應支付當事人拒絕行銷之費用，例如，提供免付費電話、免費回郵等，或者是收到廣告郵件，上面都有按鍵連結，只要點選該案件連結，就不會再寄送廣告郵件。至於當事人日後得隨時以自費方式，表示拒絕再接受行銷，非公務機關應即停止再利用其個人資料進行行銷，自不待言。

首次行銷提供拒絕接受行銷之方式

（以上引自網路）

　　收到廣告郵件，上面都有按鍵連結，只要點選該案件連結，就不會再寄送廣告郵件。

3.

國際傳輸之限制

● 國際傳輸之概念

前文業已介紹有關國際傳輸之概念，所謂國際傳輸，指將個人資料作跨國(境)之處理或利用。(個資§2⑥) 不論是機關內部之資料傳送(屬資料處理)，例如：總公司將資料傳送給分公司、公務機關將資料傳送給國外辦事處等；或將資料提供當事人以外他國國境之第三人(屬資料利用)，只要該資料作跨國(境)之傳輸，不論是屬處理或利用行為，皆屬本法所稱之「國際傳輸」。

● 國際傳輸之限制

非公務機關為國際傳輸個人資料，而有下列情形之一者，中央目的事業主管機關得限制之：(個資§21)

> 一、涉及國家重大利益。
> 二、國際條約或協定有特別規定。
> 三、接受國對於個人資料之保護未有完善之法規，致有損當事人權益之虞。
> 四、以迂迴方法向第三國(地區)傳輸個人資料規避本法。

● 中央目的事業主管機關限制之方式

中央目的事業主管機關發現有本條所列各款情形之一，應限制非公務機關國際傳輸個人資料者，得視事實狀況，以命令或個別之行政處分限制之。

鑑於違反本條限制規定，將受有第41條規定之刑罰與第47條規定之行政罰，本條所定國際傳輸之限制，宜由中央目的事業主管機關為之，較為妥適。

國際傳輸示意圖

【實務案例：電信業者客服轉大陸】

　　如果行動電話使用上有問題，習慣打電話到電信業者的客服中心尋求服務，有沒有發現某家客服中心的語音居然是大陸口音，通常這種情形就是業者為了降低服務成本，將客戶服務部門移轉到大陸。但是業者提供客戶服務，常常要進行身分驗證，這時候大陸部門必然取得客戶資料，所以這樣子也應該算是國際傳輸。當然如果有認為兩岸屬於同一國家，可能會有不同見解，但這種見解太具有政治意味，本文採取只要離開我國現行實質控管之國境，就應該屬於跨國傳輸。為此，經濟部也曾公告限制電信業者的個人資料資料庫移至對岸，顯然管控還要維持嚴謹。

4.

主管機關之檢查權

● 基本規定

中央目的事業主管機關或直轄市、縣(市)政府為執行資料檔案安全維護、業務終止資料處理方法、國際傳輸限制或其他例行性業務檢查而認有必要或有違反本法規定之虞時，得派員攜帶執行職務證明文件，進入檢查，並得命相關人員為必要之說明、配合措施或提供相關證明資料。(個資§22Ⅰ)

中央目的事業主管機關或直轄市、縣(市)政府為前項檢查時，對於得沒入或可為證據之個人資料或其檔案，得扣留或複製之。對於應扣留或複製之物，得要求其所有人、持有人或保管人提出或交付；無正當理由拒絕提出、交付或抗拒扣留或複製者，得採取對該非公務機關權益損害最少之方法強制為之。(個資§22Ⅱ)

中央目的事業主管機關或直轄市、縣(市)政府為第1項檢查時，得率同資訊、電信或法律等專業人員共同為之。(個資§22Ⅲ)

對於第1項及第2項之進入、檢查或處分，非公務機關及其相關人員不得規避、妨礙或拒絕。(個資§22Ⅳ)

參與檢查之人員，因檢查而知悉他人資料者，負保密義務。
(個資§22Ⅴ)

● 主管機關的檢查權

或許企業主抱持著僥倖的心理，反正有沒有訂定相關維護計畫與處理方法，主管機關天高皇帝遠，怎麼可能會知道？這次修法，為落實個人資料之保護，賦予監督機關有命令、檢查及處分權，當符合一定要件時，就可以進入企業進行檢查，還可以要求提供相關證明資料

主管機關之檢查權

怎麼每天都在檢查？

要了解貴公司國際傳輸是否影響國家機密！

這份資料影響公司營運甚大，可否用複製的，不要帶走！

通通扣回去。

進入檢查　　　扣留或複製

及扣留、複製之，不配合者，可以透過罰鍰的方式，迫使企業提供相關資料。(個資§22、49)而且企業的代表人、管理人或其他有代表權人，也要受同一額度的罰鍰，通常被罰的人就是老闆。(個資§50)

● **比例原則**

　　檢查人員發現非公務機關違反本法規定，如將所有儲存媒介物設備予以查扣，恐有違比例原則，因此本法第22條第2項規定，檢查時依行政罰法相關規定發現得沒入或可為證據之個人資料或檔案，而有扣留或複製之必要者，得予扣留或複製之。

　　此外，以電腦儲存之資料檔案，其消磁、刪除或移轉非常快速，如檢查時未能即時扣留或複製，該違法資料或證據極易被湮滅或消除，檢查機關亦得依行政罰法相關規定，要求應扣留或複製物之所有人、持有人或保管人提出或交付，且於遇有無正當理由拒絕提出、交付或抗拒扣留或複製者，得強制為之，但應採取對該非公務機關權益損害最少之方法，以避免違反比例原則，例如：得複製檔案時，即無需予以扣留。

● 會同專業人員

被檢查之個人資料檔案，有可能以不同方式儲存於各種類型媒介物，如未具有相當專業知識，勢必無法達成檢查目的，故於本法第22條第3項規定檢查機關得率同資訊、電信或法律等專業人員共同進行檢查，例如電腦鑑識人員。

● 檢查人之保密義務及注意受檢者之名譽

為確保個人資料之隱私性，避免資料當事人二度受到傷害，本法第22條第5項明定因檢查而知悉他人資料者，應負保密義務，不得洩漏。

檢查機關依本法第22條規定實施檢查時，應注意保守秘密及被檢查者之名譽。(施細§29)

● 扣留物或複製物之處置

對於本法第22條第2項扣留物或複製物，應加封緘或其他標識，並為適當之處置；其不便搬運或保管者，得命人看守或交由所有人或其他適當之人保管。(個資§23Ⅰ)本項規定明定扣留物或複製物應加具識別之標示，並為適當之處理，以確保其安全。

扣留物或複製物已無留存之必要，或決定不予處罰或未為沒入之裁處者，應發還之。但應沒入或為調查他案應留存者，不在此限。(個資§23Ⅱ)扣留物或複製物除應沒入或因調查他案而有留存之必要者，應繼續扣留外，如無必要留存，或決定不予處罰或未為沒入之裁處者，應即發還，以保障民眾權益。

中央目的事業主管機關或直轄市、縣(市)政府依本法第22條第2項規定，扣留或複製得沒入或可為證據之個人資料或其檔案時，應掣給收據，載明其名稱、數量、所有人、地點及時間。(施細§30Ⅰ)

中央目的事業主管機關或直轄市、縣(市)政府依本法第22條第1、2項規定實施檢查後，應作成紀錄。(施細§30Ⅱ)

前項紀錄當場作成者，應使被檢查者閱覽及簽名，並即將副本交付被檢查者；其拒絕簽名者，應記明其事由。(施細§30Ⅲ)

紀錄於事後作成者，應送達被檢查者，並告知得於一定期限內陳述意見。(施細§30Ⅳ)

保密義務示意圖

● 聲明異議權

　　非公務機關、物之所有人、持有人、保管人或利害關係人對前二條之要求、強制、扣留或複製行為不服者，得向中央目的事業主管機關或直轄市、縣(市)政府聲明異議。(個資§24Ⅰ)當事人或物之所有人、持有人、保管人、利害關係人，對檢查或扣留、複製資料檔案行為認有違法或不當時，應有表示不服聲明異議之權利，以為救濟。

　　前項聲明異議，中央目的事業主管機關或直轄市、縣(市)政府認為有理由者，應立即停止或變更其行為；認為無理由者，得繼續執行。經該聲明異議之人請求時，應將聲明異議之理由製作紀錄交付之。(個資§24Ⅱ)明定對於當事人等聲明之異議，執行檢查之機關認有理由者，應立即停止或變更其行為；認無理由者，得繼續執行。但因當事人等得於日後對此檢查或其他強制、扣留或複製行為，提起救濟，是以經其請求時，應將聲明異議之理由製作紀錄交付之，不得拒絕。

　　對於中央目的事業主管機關或直轄市、縣(市)政府前項決定不服者，僅得於對該案件之實體決定聲明不服時一併聲明之。但第1項之人依法不得對該案件之實體決定聲明不服時，得單獨對第1項之行為逕行提起行政訴訟。(個資§24Ⅲ)明定當事人等對於聲明異議之決定不服時，僅得於對該案件之實體決定聲明不服時一併聲明之，不得單獨提起救濟；至於當事人等依法不得對該案件之實體決定聲明不服時，則可單獨對第1項之檢查、扣留、複製或其他強制行為，逕行提起行政訴訟，以保障其權利。

＊筆記＊

5.

主管機關之處分

● 基本規定

　　非公務機關有違反本法規定之情事者，中央目的事業主管機關或直轄市、縣(市)政府除依本法規定裁處罰鍰外，並得為下列處分：(個資§25I)

> 一、禁止蒐集、處理或利用個人資料。
> 二、命令刪除經處理之個人資料檔案。
> 三、沒入或命銷燬違法蒐集之個人資料。
> 四、公布非公務機關之違法情形，及其姓名或名稱與負責人。

　　中央目的事業主管機關或直轄市、縣(市)政府為前項處分時，應於防制違反本法規定情事之必要範圍內，採取對該非公務機關權益損害最少之方法為之。(個資§25II)

●處分之類型

　　中央目的事業主管機關或直轄市、縣(市)政府，發現非公務機關蒐集、處理或利用個人資料有違反本法規定之情形者，除依法裁處罰鍰外，自應採取必要之處分，以保護當事人之權益不被繼續侵害。為期處分種類明確起見，故於第1項規定得為之處分包括：禁止蒐集、處理或利用個人資料；命令刪除該違法蒐集處理之個人資料檔案；對違法蒐集或處理之個人資料予以沒入或命銷燬；公布姓名、名稱與負責人及違法情形等。

主管機關之處分

| 禁止蒐集、處理或利用個人資料 | 命令刪除經處理之個人資料檔案 |

蒐集處理

利　用

經濟部令
刪除貴公司
有關xx之檔案

| 沒入或命銷燬違法
蒐集之個人資料 | 公布非公務機關之違法情形，及
其姓名或名稱與負責人 |

銷毀

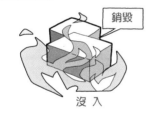

沒　入

商業司公告
XX公司負責人
XXX，涉嫌違法
蒐集個人資料…

● **比例原則**

中央目的事業主管機關或直轄市、縣(市)政府在作前項之處分時，應注意該非公務機關之權益，採取對其損害最少之方式為之，不得逾越必要範圍，以符合比例原則，所以為第2項之規定。

● **檢查結果之公布**

中央目的事業主管機關或直轄市、縣(市)政府依第22條規定檢查後，未發現有違反本法規定之情事者，經該非公務機關同意後，得公布檢查結果。(個資§26)檢查結果雖未發現有違法情事，中央目的事業主管機關或直轄市、縣(市)政府(檢查機關)，經徵得被檢查之非公務機關同意，仍得公布檢查結果，以昭公信。

6.

安全防護措施

●基本規定

非公務機關保有個人資料檔案者,應採行適當之安全措施,防止個人資料被竊取、竄改、毀損、滅失或洩漏。(個資§27Ⅰ)

中央目的事業主管機關得指定非公務機關訂定個人資料檔案安全維護計畫或業務終止後個人資料處理方法。(個資§27Ⅱ)

前項計畫及處理方法之標準等相關事項之辦法,由中央目的事業主管機關定之。(個資§27Ⅲ)

● 建立安全措施之義務

有關客戶資料的安全措施,應該是本次修法的重點所在,也是許多企業主煩惱的核心項目之一。煩惱什麼?就是個資法通過後,到底要採行什麼安全措施才不會被處罰。一大堆的廠商舉辦各式各樣的研討會,到最後好像都是產品大展,到底是該買單一產品,還是整合性產品?有沒有產品清單呢?

其實這些所謂的產品清單,可以依據主管機關訂定的個人資料檔案安全維護計畫、業務終止後個人資料處理方法,到底要求哪些具體的行為,也大概可以知道應該要做到什麼樣子的標準。舊法時代,即針對金融業、保險業、證券業暨期貨業,制定個人資料檔案安全維護計畫標準。這些標準中並沒有明確指明要具備防火牆、防毒軟體、入侵偵測系統等安全機制,但有抽象地提到要實施稽核、加強安全防護措施、留存操作紀錄、備援制度、建立識別碼、通行碼之管理制度、資料存取控制,以及安全防護教育訓練(例如邀請專家進行內部教育訓練課程)等,所以在舊法中真的要符合該標準,對於企業來說也是一大挑戰。

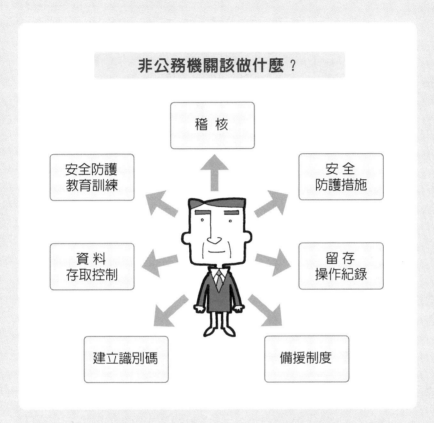

非公務機關該做什麼？

稽 核

安全防護
教育訓練

安 全
防護措施

資 料
存取控制

留 存
操作紀錄

建立識別碼

備援制度

● **本條文為企業關注焦點**

　　如果沒有建立安全措施，就違反本法規定，若因此而導致個人資料遭不法蒐集、處理、利用或其他侵害當事人權利者，需負損害賠償責任。舉個例子來說，某甲在網路上GOOGLE到自己的資料，一追查發現是乙公司外洩，結果發現乙公司並沒有遵循前開個人資料檔案安全維護計畫標準，所以可以向乙公司請求損害賠償。雖然乙企業可以主張並無故意或過失而免責，但是沒有遵循個人資料檔案安全維護計畫標準，恐怕會被認定是有過失。

● **誰要遵守個人資料檔案安全維護計畫標準**？

舊法的規定，企業主不只要找個專人來辦理客戶資料的安全維護事項，或訂定一些基本的客戶資料保管規則即可，實際上是相當繁瑣，但過去因為只有適用幾種特定行業，包括金融業、保險業、證券業暨期貨業，財力較為雄厚，建立稽核、加強安全防護措施、留存操作紀錄、備援制度、建立識別碼、通行碼之管理制度、資料存取控制，以及安全防護教育訓練，通常並沒有什麼資金不足的問題。

但是新法通過後，則因為是用主體更加廣泛，是否延續舊法，只有特定行業才需要制定個人資料檔案安全維護計畫標準，還是不論是公務機關或非公務機關，包括自然人，通通一體適用，恐怕是主管機關必須要審慎考量的範疇。目前依據本(27)條第2項規定，因為某些行業如銀行、電信、醫院、保險等，因保有大量且重要之個人資料檔案，其所負之安全保管責任應較一般行業為重，所以授權中央目的事業主管機關得指定特定之非公務機關，要求其訂定個人資料檔案安全維護計畫或業務終止後個人資料處理方法，以加強管理，確保個人資料之安全維護。

本(27)條第2項規定非公務機關訂定個人資料檔案安全維護計畫或業務終止後個人資料處理方法，宜有相關規範，以為依循，所以第3項規定，授權由中央目的事業主管機關訂定辦法。

5

第五篇

[民事損害賠償]

　　公務機關的責任主要是行政責任(內部)，以及民事責任與刑事責任；非公務機關的責任亦同，只是行政責任之部分主要是主管機關對之加以科以一定之行政處分或行政上的處罰。

　　值得注意的焦點，在於公務機關的民事責任屬於無過失責任，而非公務機關則是過失責任，且無過失之舉證責任轉移到非公務機關身上，也因此許多企業關注於如何才能主張無過失而免責。

公務機關之無過失責任

● **公務機關也能免責嗎？**

　　常在外面聽到許多個資法的講座，最不道德的一種商品宣傳手法，就是把公務機關與非公務機關以相同的責任標準來介紹，欺騙公務機關，讓他們誤以為只要努力防止資安事件的發生，當達到一定努力的程度就能夠免責，這真的廠商的行銷說詞，因為公務機關所負擔的責任是「無過失責任」。

● **公務機關之無過失責任**

　　公務機關違反本法規定，致個人資料遭不法蒐集、處理、利用或其他侵害當事人權利者，負損害賠償責任。但損害因天災、事變或其他不可抗力所致者，不在此限。(個資§28Ⅰ)本項規定與國家賠償法第2條第2項及民法第184條第1項規定用語一致。

　　簡單來說，本條規定是在說明公務機關只要資料外洩，除非是發生類似日本大海嘯，把所有個人資料衝出辦公場所，或者是發生九一一恐怖攻擊事件，整棟大樓都被摧毀，這些天災、事變或其他不可抗力所致之情形可以免責之外，否則都要負擔無過失責任。如果碰到類似「維基解密事件」，民眾資料遭到駭客大量偷走所引發外洩情形，可否適用於本條的除外規定而得以免責嗎？不行，因為這就是一般沒有採行足夠適當之安全措施，違反「維護個人資料安全義務」，就應該要負損害賠償責任。

　　畢竟日本大海嘯、九一一恐怖攻擊事件、八八水災等情況算是少見，所以一般資料外洩，政府皮就要繃緊一點，馬上要依據通知義務來通知當事人，這種通知也就是告訴當事人「快來聲請國家賠償吧！」

海嘯將資料沖走

資料倉庫
隨水漂流

● **乾脆不要做**？

　　公務機關無論如何努力，到最後只要發生個人資料外洩的情況，就要負擔民事賠償責任。既然賠償與否，跟有沒有過失沒有關聯性，那有些公務員就消極表示：那乾脆什麼都不要做好了？這樣子的想法正確嗎？

　　這樣子的想法並不正確，因為雖然民事賠償責任，與有沒有過失沒有關聯性，也就是只要資料外洩就要賠償。但如果公務員什麼都不做是導致資料外洩的主因，至少會有重大過失，甚至於還有可能具備故意，政府機關完成國家賠償後，可以依據國家賠償法，對於有故意或重大過失之公務員行使求償權，請求損害賠償責任。

● 公務人員故意或重大過失之判斷？

至於如何判斷公務員是否有故意或重大過失呢？建議可以在各單位訂定的「個人資料保護管理要點」中，加訂下列條款：

條文內容	說　明
本單位依據個人資料保護法負擔國家賠償責任後，而有依據國家賠償法第2條第3項規定行使求償權時，於認定有無故意或重大過失，應參酌相關人員是否遵守暨配合辦理本管理要點之相關程序。	因個人資料保護法施行通過後，公務機關負擔無過失責任，本單位持有大量個人資料，恐有依據國家賠償法程序而負擔民事上損害賠償之高度風險。 為釐清相關責任歸屬與督促相關承辦人員勇於任事，於審酌國家賠償法第2條第3項規定：「前項情形，公務員有故意或重大過失時，賠償義務機關對之有求償權。」決定是否依據本規定向相關人員行使求償權，應以是否遵守暨配合辦理本管理要點之相關程序，作為判斷有無故意或重大過失之判斷依據。

● 非財產上之損害賠償

被害人雖非財產上之損害，亦得請求賠償相當之金額；其名譽被侵害者，並得請求為回復名譽之適當處分。(個資§28Ⅱ)也有人稱之為「慰撫金」，因為有些損害很難以實際金額計算損害賠償，只能如後段所述之內容請求一定之數額。

● 損害賠償之金額

依本法第28條第1、2項情形，如被害人不易或不能證明其實際損害額時，得請求法院依侵害情節，以每人每一事件新臺幣5百元以上2萬元以下計算。(個資§28III)

基於有損害始有賠償之法理，當事人能證明之損害均得請求賠償，且本法規範有不足者，亦得依民法相關規定為之。例外於當事人不易或不能證明其實際損害額之情形時，始有規範每人每一事件賠償金額上、下限之必要。另考量個人資料之價值性及當事人行使請求權、出庭作證之意願，擬參酌法院辦理民事事件證人鑑定人日費旅費及鑑定費支給標準第三點「證人、鑑定人到場之日費，每次依新臺幣500元支給」之規定，並兼顧法院在個案之裁量權限及防止有心人士興訟，將賠償金額下限往下修正為500元，以便法院為個案審理及判決。又上限部分亦配合下限降低。

對於同一原因事實造成多數當事人權利受侵害之事件，經當事人請求損害賠償者，其合計最高總額以新臺幣2億元為限。但因該原因事實所涉利益超過新臺幣2億元者，以該所涉利益為限。(個資§28IV)

同一原因事實造成之損害總額逾前項金額時，被害人所受賠償金額，不受第3項所定每人每一事件最低賠償金額新臺幣5百元之限制。(個資§28V)

違法侵害個人資料事件，可能一個行為有眾多被害人或造成損害過於鉅大，為避免賠償額過鉅無法負擔並為風險預估與控管，舊法規定合計賠償最高總額以新臺幣2千萬元為限。惟現今公務機關或非公務機關蒐集、處理、利用或國際傳輸個人資料之情形日漸普遍，為加重個人資料蒐集者或持有者之責任，促其重視維護個人資料檔案安全之措施，並使被害人能受到較高額度之賠償，且總額限制之金額過低時，恐將產生實務操作之困難，新修正本(28)條第4項規定，將賠償總額新臺幣2千萬元之限制，提高為新臺幣2億元。另基於同一原因事實違法侵害個人資料事件，如其所涉利益超過新臺幣2億元者，自不宜再以該金額限制之，而以該所涉利益為限。

同一原因事實造成之被害人數過多或部分被害人實際損害嚴重，致損害總額超過第4項所定總額限制之新台幣2億元或所涉利益時，為避免第3項規定之賠償下限與第4項規定之賠償總額限制產生矛盾，所以增訂第5項規定，使其不受第3項所定每人每一事件最低賠償金額新台幣5百元之限制，以配合第4項對於單一原因事實賠償總額限制之規定。

舉個例子來說，如果電信業者的客戶資料遭竊取，每個人以最低額500元計算，若是遠傳電信有兩百萬客戶，總金額就10億元，超過2億元甚多，所以才有此一但書規定「因該原因事實所涉利益超過新臺幣2億元者，以該所涉利益為限。」

● **賠償請求權不得讓與或繼承**

本法第28條第2項請求權，不得讓與或繼承。但以金額賠償之請求權已依契約承諾或已起訴者，不在此限。(個資§28Ⅵ)

【博客來金馬套票案】

　　某知名博xx公司因金馬套票案事件，將客戶資料外流而引發的訴訟事件，許多當事人訴請損害賠償，後來雖非主張電腦處理個人資料保護法，但依然以民法第195條隱私權遭侵害而主張慰撫金。從判決內容來觀察，請求金額的依據，主要是每個人薪資、財產之標準而有所不同，賺最多、財產最多的某位律師，賠償金額約1萬7千元，但賺的錢未破20萬元者，只獲得2千到4千不等的賠償。（台北地院97訴1683）

　　這種賠償的標準並不是個案，原則上法院應該要審酌審酌原告及被告之年齡、教育程度、社會地位、資力狀況等情形，來決定賠償的金額。即便法律已經限縮範圍在新臺幣5百元以上2萬元以下計算，可是到底是要5百、6百、2千、5千、1萬，還是2萬，還是一樣，只是通常會以資力為主，畢竟這是有數字也是最具體的標準。

2.

非公務機關之過失責任

【情境模擬】

　　「老闆，客戶資料外洩了？該怎麼辦？會不會被客戶控告？聽說賠償金可以高達2億元，甚至於更高耶！」資安部門的資安長緊急向老闆報告。

　　老闆也不是省油的燈，唸過剛通過的個人資料保護法第29條第1項但書規定，只要企業能證明沒有故意也沒有過失，就可以免除損害賠償責任，於是就對著資安長說：「放心，上次那家資安業者不是嚷著說個資法通過後，一定要買XX產品，我們也買了，也遵守個資法的規範，應該就沒有故意過失，而能免責了吧！」老闆的推論是正確的嗎？

● 非公務機關關心的重點

　　個資法的通過，讓很多企業體非常緊張，擔心不小心將個人資料外洩，天價的賠償可是會要了一間公司的命。但是從維基解密事件，卻發現即便是美國資訊安全的防護等級，機密資料還是有可能外洩，更何況是一般企業所保存的個人資料，外洩的機會恐怕是必然的結果，只是誰將會是個資法施行通過後的「第一槍」。所以，若以個人資料必然外洩的前提，企業體關心的重點就在於：「我該做什麼才能免責？」

騎腳踏車，後面摩托車太暗沒看到而撞上

應注意：法律規定要裝反光設備

能注意：有能力安裝反光設備

不注意：沒有安裝反光設備

過失的概念

　　過失，簡單來說就是應注意、能注意，而不注意。舉個例子，有位小孩騎著尾端沒有反光設備的腳踏車，一輛機車行經後方，沒看到這輛腳踏車，等到發現而緊急煞車，導致機車騎士摔倒身亡。(如上圖)

　　同樣的推論在非公務機關上，非公務機關應該要時時警惕員工注意資訊安全(應注意)，也有能力聘請專業網管人員、購買資訊安全設備(能注意)，但是卻沒有這麼做(不注意)，那就會成立「過失」。

保險機制的考量

　　未來可以透過保險機制來分散風險，但以國內各機關遭入侵的案例與經驗，恐怕保險費並不便宜。

● **基本規定**

　　非公務機關違反本法規定，致個人資料遭不法蒐集、處理、利用或其他侵害當事人權利者，負損害賠償責任。<u>但能證明其無故意或過失者，不在此限</u>。(個資§29Ⅰ)依前項規定請求賠償者，適用前(28)條第2項至第6項規定。(個資§29Ⅱ)此一規定也是侵權行為損害賠償請求權之一種，民法第184條第2項亦有類似的基本規定：「違反保護他人之法律，致生損害於他人者，負賠償責任。但能證明其行為無過失者，不在此限。」兩者的規範架構極為相似。

● 你要負擔什麼等級的注意義務？

接著要討論的是個人資料的保護，應該是(1)什麼等級的注意義務，(2)企業有沒有能力防止外洩事件之發生。

一、不同等級的注意義務

首先要介紹的是注意義務的等級，法律上有關注意義務，可分成重大過失責任、具體輕過失責任、抽象過失責任，以及最重的無過失責任。

但是這幾種名詞配合上定義內容，卻很容易讓人搞混，即便是學習法律多年的筆者，當年也是一頭霧水，歸咎其原因，就是取得名稱讓人容易搞混。如果改成一到四的等級責任，或者是如同右表，變成初級、中級、高級以及最高級的四個等級，就容易理解多了。

舉個例子，如果出版社虧錢，購書的讀者就要依據不同責任等級負起責任。以買「圖解個人資料保護法」為例，買1本就是盡到一般朋友之義務，若出版社虧錢，該買1本的讀者卻連1本都不買，那就要打屁股，這種責任是重大過失責任。(初級責任)

其次，買2本就是盡到與處理自己事務為同一之注意義務，大概是同窗好友，若出版社賠錢，對於該買2本但沒有買到2本的讀者，就要打屁股，是具體輕過失責任。(中級責任)

接著，買3本就是盡到善良管理人之注意義務，大概是青梅竹馬之好友，若出版社虧損，本來要求要買到3本的讀者但沒有買到，就要打屁股，這就是抽象輕過失責任。(高級責任)

最後的責任最嚴苛，只要出版社賠錢，不管你買幾本，可能已經買到上萬本，算是閨中密友，還是都要打屁股，那就是無過失責任！(最高級責任)

過失責任體系表

類 型	內 容	思考方式
重大過失責任	盡到一般人的注意義務，就不必負責	初級責任
具體輕過失責任	盡到與處理自己事務為同一之注意義務，就不必負責	中級責任
抽象過失責任	盡到善良管理人的注意義務，就不必負責	高級責任
無過失責任	非常努力、小心，已經達到沒有過失的程度，還是要負擔責任	最高級責任

【實務見解】

　　侵權行為損害賠償責任之行為人所必須具有「故意」或「過失」，主觀意思要件中之「過失」，係以行為人是否已盡善良管理人之注意義務為認定之標準，亦即行為人所負者，乃抽象輕過失之責任。(96台上35)

　　構成侵權行為之過失，係指抽象輕過失，即欠缺善良管理人之注意義務而言。行為人已否盡善良管理人之注意義務，應依事件之特性，分別加以考量，因行為人之職業、危害之嚴重性、被害法益之輕重、防範避免危害之代價，而有所不同。

(93台上851)

二、你屬於何種等級的注意義務？

　　若對於個人資料的蒐集、處理或利用的行為，屬於營利性質，則當然要求以較高者的善良管理人注意義務，而負抽象輕過失之責任；如果是非營利之行為，則以處理自己事務之注意義務即可，若不僅是非營利之行為，而是以公共利益為目的者，則應該要求較輕之一般人處理事務之注意義務，負重大過失責任即可。(如右圖)

　　大多數的企業體都是屬於營利性質的行為，所以應該要負抽象輕過失的責任，如果搞不清楚自己屬於哪一種性質，建議也應該滿足善良管理人注意義務之要求。畢竟不同法院會有不同的見解，自我要求較高，以避免誤以為自己只需要達到最基本的要求，可是說不定上了法院，法院對於此種蒐集個人資料的行為，要求卻是比想像中的還要高。

　　舉個例子，還記得景文高中玻璃娃娃事件，某名熱心的學生要協助玻璃娃娃下樓梯，但是因為天雨路滑，不小心摔倒，脆弱的玻璃娃娃因此而身亡。這名熱心的學生到底該負擔什麼責任呢？地方法院認為並無故意過失(91重訴2359)；但上訴高院之後，則認為其有重大過失，也就是違反一般人的注意義務，而應為其死亡負賠償責任。(93上433)更一審又認為其應該要負擔的責任等級是重大過失責任，法院認定並無重大過失，所以無庸負責。(95上更6)

以公共利益為目的之非營利行為	重大過失
非營利行為	具體輕過失
營利行為	抽象輕過失

三、應視情況調整責任等級

非公務機關違反本法規定，致個人資料遭不法蒐集、處理、利用或其他侵害當事人權利者，負損害賠償責任。但能證明其無故意或過失者，不在此限。(個資§29 I)條文的結構雖然是抽象輕過失的責任，但是還是可以依據當事人蒐集資料之目的、潛在性外洩危害之範圍、有無建構足夠安全機制之可能性等因素，來調整其責任等級。

換言之，如果是一個小小的民間公益團體，其蒐集的資料不多，也沒有足夠的資金購買資訊安全產品，則只要做到最基本的安全機制，如裝設防毒軟體，開啓內建免費的防火牆，定時變更密碼，隨身碟的防範工作，如果都有達到，即便資料外洩，也應該認為沒有過失，只需要負擔重大過失的責任。

至於如果是大型金控產業或特定企業，資力雄厚，也靠個人資料賺取大筆財富，相對更應該付出更多的成本在資訊安全環境的架構，如遵循主管機關頒訂的個人資料檔案安全維護計畫標準，也就是至少要做到善良管理人的注意義務。

● **如何落實個資法第29條之規定？**

◎ 第一階段：違反個資法規定—適當之安全措施

　　落實個資法第29條規定，第一階段須先判斷公司是否有遵守個資法的規定，還是並沒有遵守個資法的規定，其中最重要的規定，當屬第27條的規定，首先來看第1項：「非公務機關保有個人資料檔案者，應採行適當之安全措施，防止個人資料被竊取、竄改、毀損、滅失或洩漏。」買了資安的產品，例如防火牆、入侵偵測系統，只是安全措施的一種，還不算符合「適當之安全措施」。

　　什麼是適當的安全措施呢？

　　基本上可以先看看政府部門怎麼制訂相關的規定，因為依據個資法第27條第2項規定：「中央目的事業主管機關得指定非公務機關訂定個人資料檔案安全維護計畫或業務終止後個人資料處理方法。」如民國85年電腦處理個人資料保護法剛通過時，就針對金融業、保險業、證券業暨期貨業，分別制定相關「個人資料檔案安全維護計畫標準」，其主要內容如(一)確保系統的安全性；(二)確保系統遭不當入侵、使用及存取；(三)建立稽核制度；(四)專人負責管理；(五)災害防護；(六)教育訓練等。

　　所以，為了符合遵守個資法規範之要件，企業必須建立相關的安全維護計畫，個資外洩時，方能夠主張免責。如果不屬於特定產業，並無專屬的個人資料檔案安全維護計畫，則如前文所介紹，視其性質而應負擔重大過失責任或具體輕過失責任即可，有無遵守，則依據具體個案加以判斷。

非公務機關過失責任體系圖

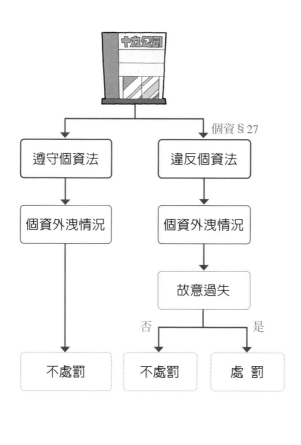

◎ 第二階段：有無故意或過失之判斷

一、舉證責任之轉換

大多數企業主遇到客戶資料外洩的情況，通常就必須研究一下，到底有沒有故意過失。我國個資法採取「過失責任」，也就是說只要企業主證明資料外洩的結果沒有故意或過失，就必須要負責任。

一般來說，要證明他人有侵權行為，必須由受害人加以舉證，本條但書規定：「但能證明其無故意或過失者，不在此限。」將舉證責任轉換到資料外洩之非公務機關。

非公務機關要證明什麼呢？

當然就是證明自己沒有過失責任。若是另有特定規範下之非公務機關，就要證明符合該規範所訂定之標準；無相關規範之非公務機關，則必須要依據自己的情況，證明自己並無重大過失責任(具體或抽象輕過失責任)。

二、購買資安產品並無法當然構成無過失

許多企業主認為只要買了資訊安全的產品，就可以免除2億元甚至於更高的賠償責任。筆者常舉一個例子，宅男好不容易交了女友，女友希望宅男對其表達愛意，但宅男不知道該怎麼對女友示愛，只好跑去花店老闆問該如何示愛？

老闆回說：買我的花(資安產品)就好了啊！

宅男很高興地買了回家，並放在花瓶之中。

結果到底示愛了沒有，還是沒有。所以不是光買花(資安產品)就夠了，還要把花捧到女友面前，並表達愛意(具體保護個資行為)。

從上開說明，若屬於特定規範下的企業，即便滿足了資訊安全商品的購買，恐怕並不能符合「適當之安全措施」的要件，還有許多制度上的設計，以及許多人員的訓練等，幾乎企業必須採行某些資訊安

全標準，如通過ISO 27001認證，才可能符合此一要件，否則有些企業只有建立了稽核制度，有些企業只買了資訊安全設備，有些企業只有著手進行資訊安全方面的教育訓練，都無法面面俱到，當發生客戶資料外洩的情形，想要主張業已「適當之安全措施」而無故意過失，恐怕相當困難。

(1)什麼是故意？

　　舉個例子，員工故意盜賣客戶資料最為常見，過去有些電信業者就將客戶資料賣給討債集團、詐騙集團，這種情況當然就是故意了。所以，實務上也算是常見故意的情況。

(2)什麼是過失？

　　首先介紹有認識過失，例如預見系統有個漏洞，有可能駭客會透過此一漏洞進入系統竊取資料(預見其發生)，但是系統管理者卻認為沒有駭客會那麼高竿，不可能藉此入侵系統(確信其不發生)，但最後果然有高超的駭客入侵成功，並將該企業的客戶資料張貼在大陸網站上，這種就是「有認識過失」的具體案例。

　　最後，「無認識過失」應該是最常見的，也就是「應注意、能注意而不注意」。該有的補系統漏洞的程序，卻因為一時的工作忙碌，未能適時地補漏洞，因此而被入侵，發生個人資料外洩的結果，就是屬於「無認識過失」。

(3)什麼情況是無過失呢？

　　例如發生零時差攻擊(Zero-Day Attack)。有些漏洞是暫時找不到補漏洞的方法，或者是只有極為少數的攻擊者知道漏洞，這個系統的漏洞尚未公開，這時候當然系統是處於隨時可以被攻擊的狀態。因此，透過鑑識而發現被攻擊的原因是零時差攻擊，自然可以主張沒有過失而免除自己的責任。

◎ 結論

　　許多業者也強調「舉證責任」，表示只要使用他們的產品，就可以清楚地掌握資料的流向，不可能遭到各種不法蒐集、處理及利用等侵害作為。當然透過一定的產品協助，確實可以提高管理的效果。不過，舉證責任的重點應該是證明非公務機關已經善盡「善良管理人的注意義務」或其他等級的義務，倒不是像部份業者為了賣產品，誤導消費者「舉證責任」是發生事故時蒐證的錯誤概念。

　　單單購買產品，並無法符合法律「適當之安全措施」的要求，所以不是解決個資法高額賠償責任的唯一法門。如果誤信業者天花亂墜的廣告之詞，恐怕到最後賠償責任不能免，還先白花了一些不必要的資訊安全設備。

　　其次，大多數的業者恐怕難以達到「適當之安全措施」，所以必須面臨損害賠償之責任，但只要不是故意，也不是過失，還是可以免除其責任，只是無故意或過失，舉證責任之一方在非公務機關這邊。

　　同樣情況，非公務機關必須證明沒有員工外洩資料、企業內部確實有一套完整的資訊安全維護措施，而且員工都有具體落實執行內部資安程序，如果這樣子還是發生不幸的資料外洩結果，才可以主張免責。

＊筆記＊

3.

損害賠償請求權之消滅時效

● 基本規定

損害賠償請求權,自請求權人知有損害及賠償義務人時起,因2年間不行使而消滅;自損害發生時起,逾5年者,亦同。(個資§30)

● 消滅時效之概念

消滅時效是指因長時間不行使權利,致使請求權效力減損之時效制度。所以,實際上不是消滅,而只是效力減損,權利本身依舊可以主張,只是變成自然權利。被主張權利者,得主張消滅時效抗辯,故屬「抗辯權發生主義」,得拒絕給付。但是,若債務人仍為履行之給付者,不得以不知時效為理由,請求返還。其以契約承認該債務,或提出擔保者,亦同。(民§144)

● 消滅時效期間

消滅時效的期間,可分成一般消滅時效期間,與特別消滅時效期間。前者之請求權,因15年間不行使而消滅。(民§125本文)常見的借貸關係,其請求權的時效就是15年,超過15年,債務人得主張時效消滅。

但法律所定期間較短者,依其規定。(民§125但書)其他比15年短的,如5年(民§126)、2年(民§127),民法侵權行為之請求權,規定在第197條第1項規定:「因侵權行為所生之損害賠償請求權,自請求權人知有損害及賠償義務人時起,2年間不行使而消滅。自有侵權行為時起,逾10年者亦同。」本法第30條也是屬於侵權行為損害賠償請求權之時效期間規定,只是又稍微短一些。

時效分別計算

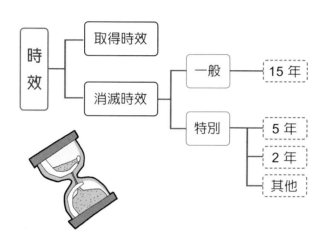

時效分別計算

　　各當事人於個資法第34條第1項(團體訴訟訴訟實施權之授與及撤回)及第2項(團體訴訟主體之擴張)之損害賠償請求權,其時效應分別計算。(個資§36)眾多之個人資料遭受侵害,各當事人之損害賠償請求權時效,不盡相同。所以參考證券投資人及期貨交易人保護法第30條及消費者保護法第50條第4項,明定其時效應分別計算,以期公平並免爭議。

　　消滅時效還有時效中斷、時效不完成,個資法未規定者,則回歸民法之基本規定。

4.

民事賠償之請求依據

● 公務機關適用國家賠償法

個資法之損害賠償,應該依據什麼程序呢?

有關這一點,個資法第31條有明文規定:「損害賠償,除依本法規定外,公務機關適用國家賠償法之規定,非公務機關適用民法之規定。」故本章節將先介紹有關公務機關賠償所適用之國家賠償程序。

什麼是國家賠償程序?

簡單來說,為了保障人民因為國家的措施所造成的損害可以得到賠償,所以我國立法通過「國家賠償法」,明文規定人民在什麼情況下可以獲得國家的賠償。一般人常會用到國家賠償法,例如馬路挖水管,結果沒有回填好,導致機車騎士經過摔倒。

● 國家賠償之類型

一、公務員侵權:

公務員於執行職務行使公權力時,因故意或過失不法侵害人民自由或權利者,國家應負損害賠償責任。公務員怠於執行職務,致人民自由或權利遭受損害者亦同。(國家賠償法§2II)

二、公共設施瑕疵:

公有公共設施因設置或管理有欠缺,致人民生命、身體或財產受損害者,國家應負損害賠償責任。(國家賠償法§3I)

公務員侵權　　　　　　　公共設施瑕疵

沒有好好審核，是我公務員的疏失。

(黑心建商豆腐渣工程)　　　　　(馬路坑洞填補不實)

類　型	法　條	賠償義務機關
公務員於執行職務行使公權力時，因故意或過失不法侵害人民自由或權利者	國家賠償法第2條第2項第9條第1項	公務員所屬機關
公有公共設施因設置或管理有欠缺，致人民生命、身體或財產受損害者	國家賠償法第3條第1項第9條第2項	公共設施之設置或管理機關

● 國家賠償之程序

一、協議先行程序

㈠書面協議先行主義：

即國家賠償法第10條第1項規定：「依本法請求損害賠償時，應先以書面向賠償義務機關請求之。」同條第2項規定：「賠償義務機關對於前項請求，應即與請求權人協議。協議成立時，應作協議書，該項協議書得為執行名義。」

㈡協議不成提起訴訟

協議之結果有四種可能：

(1)協議成立：應作協議書，協議書得為執行名義。

(2)拒絕賠償。

(3)自請求之日起逾30日不開始協議。

(4)自協議開始之日起逾60日協議不成立。(國家賠償法§11 I)除了第(1)種的情況外，其餘三種均可以向民事法院提起國家賠償訴訟。

二、民事訴訟、行政訴訟擇一程序

人民因國家之行政處分，受有損害而請求賠償時，依現行法制，得依國家賠償法規定向民事法院訴請外，亦得依行政訴訟法第7條規定，於提起其他行政訴訟時，合併請求。二者為不同之救濟途徑，各有其程序規定，僅能擇一為之。

行政訴訟法既未規定合併請求損害賠償時，應準用國家賠償法之規定，自無須踐行國家賠償法第10條規定以書面向賠償義務機關請求賠償及協議之程序。(93判494)

國家賠償之程序

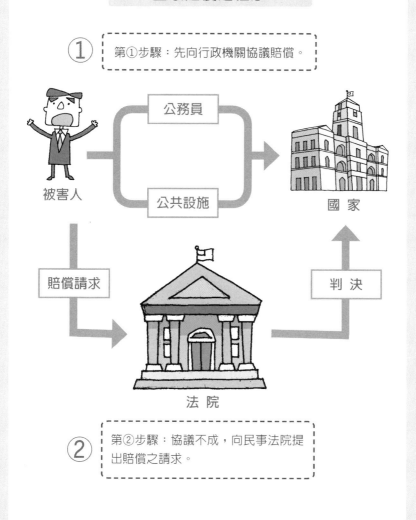

① 第①步驟：先向行政機關協議賠償。

公務員

被害人 → 公共設施 → 國 家

賠償請求

法 院

判 決

② 第②步驟：協議不成，向民事法院提出賠償之請求。

● 國家賠償之方式及求償權

一、金錢賠償為原則

國家負損害賠償責任者，應以金錢為之。但以回復原狀為適當者，得依請求，回復損害發生前原狀。(國家賠償法§7Ⅰ)

二、假處分

依本法請求損害賠償時，法院得依聲請為假處分，命賠償義務機關暫先支付醫療費或喪葬費。(國家賠償法§11Ⅱ)

三、求償權

公務員於執行職務行使公權力時，因故意或過失不法侵害人民自由或權利者，公務員有故意或重大過失時，賠償義務機關對之有求償權。(國家賠償法§2Ⅲ)受委託行使公權力之團體，其執行職務之人，或受委託行使公權力之個人有故意或重大過失時，賠償義務機關對受委託之團體或個人有求償權。(國家賠償法§4Ⅱ)

四、請求權之消滅時效

㈠人民之賠償請求權

賠償請求權，自請求權人知有損害時起，因2年間不行使而消滅；自損害發生時起，逾5年者亦同。(國家賠償法§8Ⅰ)

㈡賠償義務機關之求償權

賠償義務機關之之求償權，自支付賠償金或回復原狀之日起，因2年間不行使而消滅。

五、審判或追訴職務之公務員之侵權賠償

有審判或追訴職務之公務員，因執行職務侵害人民自由或權利，就其參與審判或追訴案件犯職務上之罪，經判決有罪確定者，適用本法規定。(國家賠償法§13)

● 非公務機關適用民法

基本上就是民法損害賠償之規定，以下列舉相關損害賠償規定：

一、基本規定

因故意或過失，不法侵害他人之權利者，負損害賠償責任。故意以背於善良風俗之方法，加損害於他人者亦同。(民法§184Ⅰ)違反保護他人之法律，致生損害於他人者，負賠償責任。但能證明其行為 無過失者，不在此限。(民法§184Ⅱ)

二、共同侵權

數人共同不法侵害他人之權利者，連帶負損害賠償責任。不能知其中孰為加害人者，亦同。(民法§185Ⅰ)造意人及幫助人，視為共同行為人。(民法§185Ⅱ)

三、公務員故意侵權

公務員因<u>故意</u>違背對於第三人應執行之職務，致第三人受損害者，負賠償責任。其因過失者，以被害人不能依他項方法受賠償時為限，負其責任。(民法§186Ⅰ)前項情形，如被害人得依法律上之救濟方法，除去其損害，而因故意或過失不為之者，公務員不負賠償責任。(民法§186Ⅱ)

四、無行為能力或限制能力之侵權

無行為能力人或限制行為能力人，不法侵害他人之權利者，以行為時有識別能力為限，與其法定代理人連帶負損害賠償責任。行為時無識別能力者，由其法定代理人負損害賠償責任。(民法§187Ⅰ)

前項情形，法定代理人如其監督並未疏懈，或縱加以相當之監督，而仍不免發生損害者，不負賠償責任。(民法§188Ⅱ)

　　如不能依前二項規定受損害賠償時，法院因被害人之聲請，得斟酌行為人及其法定代理人與被害人之經濟狀況，令行為人或其法定代理人為全部或一部之損害賠償。(民法§187Ⅲ)

　　前項規定，於其他之人，在無意識或精神錯亂中所為之行為致第三人受損害時，準用之。(民法§187Ⅳ)

五、受僱人侵權

　　受僱人因執行職務，不法侵害他人之權利者，由僱用人與行為人連帶負損害賠償責任。但選任受僱人及監督其職務之執行，已盡相當之注意或縱加以相當之注意而仍不免發生損害者，僱用人不負賠償責任。(民法§188Ⅰ)

　　如被害人依前項但書之規定，不能受損害賠償時，法院因其聲請，得斟酌僱用人與被害人之經濟狀況，令僱用人為全部或一部之損害賠償。(民法§188Ⅱ)

　　僱用人賠償損害時，對於為侵權行為之受僱人，有求償權。(民法§188Ⅲ)

六、慰撫金

　　不法侵害他人之身體、健康、名譽、自由、信用、隱私、貞操，或不法侵害其他人格法益而情節重大者，被害人雖非財產上之損害，亦得請求賠償相當之金額。其名譽被侵害者，並得請求回復名譽之適當處分。(民法§195Ⅰ)

　　前項請求權，不得讓與或繼承。但以金額賠償之請求權已依契約承諾，或已起訴者，不在此限。(民法§195Ⅱ)

　　前二項規定，於不法侵害他人基於父、母、子、女或配偶關係之身分法益而情節重大者，準用之。(民法§195Ⅲ)

＊筆記＊

5.

管轄

● 管轄權之基本概念

本法涉及公務機關者，適用國家賠償法，若屬非公務機關者，則適用民法規定。國家賠償法與民法所涉及的訴訟，目前均循民事訴訟程序主張，所以本書也針對民事訴訟程序中基本管轄概念加以介紹。

所謂管轄權，係指訴訟案件由民事法院具有審判權後，其次再決定由哪一個法院進行管轄審理之權限，比較白話的說法就是從南到北這麼多法院，到底應該要到哪一個法院訴請判決。例如住在台北的某甲要訴請住在高雄的某乙還100萬元的借款，為了方便，當然是希望在台北打官司，可是依據民事訴訟法第1條第1項規定：「訴訟，由被告住所地之法院管轄。」此即「以原就被」原則。簡單來說，你要告人，就要忍受較大的不方便，到別人家所在的法院提告，因為訴訟是你自己要提起的，讓提告人必須承擔經濟學上所謂的「內部成本」。所以如果沒有特別規定，例如其他法院也有管轄權，或者是專屬管轄權之規定，某甲就應該要到高雄地方法院打官司。

● 專屬管轄權

所謂專屬管轄，是指依法律規定，讓某類型之訴訟事件專屬特定法院管轄。蓋因專屬管轄多涉及公共利益，所以沒有合意管轄或其他管轄規定之適用，原告就該事件只能向專屬管轄之法院起訴，不容許法院或當事人任意加以變更。

有關侵害個人資料之損害賠償訴訟，不論單一事件單一受害人，或同一原因事實造成多數當事人權利受侵害，亦不論其請求權依據，

以原就被之概念

台北地方法院

這邊是台北地方法院，你必須要到高雄地方法院去告某乙。

我要告住在高雄的某乙，他欠我100萬元，請判決某乙還我錢。

皆採專屬管轄，所以參考民事訴訟法第1條及非訟事件法第2條規定增訂個資法第33條，以利實務操作。

● **本法有關專屬管轄之規定**

　　依本法規定對於公務機關提起損害賠償訴訟者，專屬該機關所在地之地方法院管轄。對於非公務機關提起者，專屬其主事務所、主營業所或住所地之地方法院管轄。(個資§33Ⅰ)

　　前項非公務機關為自然人，而其在中華民國現無住所或住所不明者，以其在中華民國之居所，視為其住所；無居所或居所不明者，以其在中華民國最後之住所，視為其住所；無最後住所者，專屬中央政府所在地之地方法院管轄。(個資§33Ⅱ)

　　第1項非公務機關為自然人以外之法人或其他團體，而其在中華民國現無主事務所、主營業所或主事務所、主營業所不明者，專屬中央政府所在地之地方法院管轄。(個資§33Ⅲ)

* 筆記 *

6

第 六 篇

[團體訴訟]

1.

團體訴訟之概念與主體資格

● 團體訴訟之概念

團體訴訟，是指涉及到多數當事人之訴訟，常見者如消費官司，將當事人集體提起訴送。由於訴訟對象多為較具有財力的大型企業，所以透過團體訴訟之方式，分散打官司所需要之成本，也能讓判決合一確定，不會發生相同事件，卻因為法官的不同，產生不同的訴訟結果，例如某甲打贏，某乙打輸，某乙就會覺得司法制度怎麼會這樣子，為什麼別人可以打贏，一樣的案件我卻打輸，而有司法不公的感覺。

美國的訴訟眾多，很多是因為團體訴訟制度的實施。例如有1萬人每個人主張2萬元，總金額2億，許多律師事務所就會求代理訴訟的機會，當事人不需要花一毛錢，但是打贏之後，卻要收取50%的賠償金額，以本案2億元為例，一半就是1億元。由於獲利頗豐，也讓各種類型的團體訴訟如雨後春筍。

為鼓勵民間公益團體能參與個人資料之保護，並方便被害民眾行使個資法規定之損害賠償請求權，特增訂團體訴訟相關規定，期能發揮民間團體力量，共同推動個人資料保護工作。

● 團體訴訟主體之資格要件

依個資法團體訴訟規定提起訴訟之財團法人或公益社團法人，應符合下列要件：(個資§32)

一、財團法人之登記財產總額達新臺幣1千萬元或社團法人之社員人數達1百人。

二、保護個人資料事項於其章程所定目的範圍內。

三、許可設立3年以上。

目前社會上公益性民間團體甚多，良莠不齊，如均可以為被害民眾提起團體訴訟，恐會發生濫訟情形，或衍生其他弊端。對於得依本法規定提起團體訴訟之財團法人或公益社團法人，須符合本條所定要件，包括達到一定財產或人數的團體，而且目的範圍包括保護個人資料事項，營運時間也已經超過3年，符合這些規定者才可以為之。

2.

訴訟實施權之授與

● 團體訴訟之要件

對於同一原因事實造成多數當事人權利受侵害之事件，財團法人或公益社團法人經受有損害之當事人20人以上以書面授與訴訟實施權者，得以自己之名義，提起損害賠償訴訟。當事人得於言詞辯論終結前以書面撤回訴訟實施權之授與，並通知法院。(個資§34 I)

● 公告曉示及併案審理機制

為使團體訴訟制度能確實發揮其應有之功能，並利於法院審理，宜一併建立公告曉示及併案審理機制，其相關規定如下：

本法第34條第1項訴訟，法院得依聲請或依職權公告曉示其他因同一原因事實受有損害之當事人，得於一定期間內向前項起訴之財團法人或公益社團法人授與訴訟實施權，由該財團法人或公益社團法人於第一審言詞辯論終結前，擴張應受判決事項之聲明。(個資§34 II)舉個例子，例如A團體正替25個人控告B公司外洩其個人資料，可以聲請法院公告曉示，是不是還有其他被害人也可以一併透過A團體來打團體訴訟。如此一來，可以達到相同案件統一裁判結果的目的，而不會因為向不同法院各自提起訴訟，導致不同判決結果的矛盾現象。

　　本條第1項至第2項係參考證券投資人及期貨交易人保護法第28條第1項至第3項之規定，及民事訴訟法擴大選定當事人法理，明定財團法人或公益社團法人須由20人以上受有損害之當事人授與訴訟實施權後，得以自己之名義提起損害賠償訴訟，及在訴訟程序中，有關撤回訴訟實施權之授與、擴張應受判決事項之聲明與授與等事項之規定。

　　其他因同一原因事實受有損害之當事人未依前項規定授與訴訟實施權者，亦得於法院公告曉示之一定期間內起訴，由法院併案審理。(個資§34III)簡單來說，有授與特定團體訴訟實施權者，如同有人幫忙打官司一樣，不必自己傷腦筋，但如果是自己打官司，雖然也可以利用相同的法院進行併案審理，可以凡事就要自己來。

　　其他因同一原因事實受有損害之當事人，亦得聲請法院為前項之公告。(個資§34IV)其他因同一原因事實受有損害之當事人，宜使其亦得聲請法院為公告曉示，俾維護其權益。

　　前二項公告，應揭示於法院公告處、資訊網路及其他適當處所；法院認為必要時，並得命登載於公報或新聞紙，或用其他方法公告之，其費用由國庫墊付。(個資§34V)如果是重大事件，有時候必須要靠媒體報導，才能廣為週知，如果單靠法院的公告揭示，恐怕永遠也不會有人知道。

● 裁判費之降低

　　依本法第34條第1項規定提起訴訟之財團法人或公益社團法人，其標的價額超過新臺幣60萬元者，超過部分暫免徵裁判費。(個資§34VI)為鼓勵民眾能多利用本條規定之團體訴訟機制，請求損害賠償，並落實保護當事人之立法意旨，參考民事訴訟法第77條之22第1項規定，明定提起團體訴訟裁判費之暫免徵收方式。

3.

訴訟實施權之範圍、當然停止與上訴

● 授予訴訟實施權之範圍

財團法人或公益社團法人就當事人授與訴訟實施權之事件,有為一切訴訟行為之權。但當事人得限制其為捨棄、撤回或和解。

(個資§37 I)

財團法人或公益社團法人為當事人提起團體訴訟時,原則上有為一切訴訟行為之權。但有關捨棄、撤回或和解事項,影響當事人權益甚鉅,當事人自得限制之。另當事人中一人所為之限制效力及其方式,亦有規範必要,以資明確。修法時,參考證券投資人及期貨交易人保護法第31條,增訂本條規定。

通常在簽訂契約的時候,如果該打團體訴訟之特定團體,為了要促進訴訟上的效率,可能被告願意和解只在那一瞬間,如果還要一一詢問當事人願意和解與否,說不定問回來之後,被告又後悔了。所以,預先與授與訴訟實施權的當事人簽訂得為「包括但不限」捨棄、撤回或和解之一切訴訟行為之權。

前項當事人中一人所為之限制,其效力不及於其他當事人。

(個資§37 II)

第1項之限制,應於第34條第1項之文書(授與訴訟實施權之書面)內表明,或以書狀提出於法院。(個資§37 III)

● 訴訟實施權撤回之當然停止

當事人依本法第34條第1項規定撤回訴訟實施權之授與者,該部分訴訟程序當然停止,該當事人應即聲明承受訴訟,法院亦得依職權命該當事人承受訴訟。(個資§35 I)本項規定明定當事人撤回訴訟實

施權，法院應停止該部分之訴訟程序，當事人應即聲明承受訴訟，法院亦得命當事人承受訴訟，以兼顧當事人原已起訴之權益(如中斷時效)。

簡單來說，可能當事人覺得這個代為進行訴訟的機構，沒有好好的打官司，影響其權利，所以想說乾脆自己來，就可以表示：本人將不再委託你進行訴訟，我自己來就好。

舉個例子，A電信業者遺失客戶的資料，遭到100名客戶聯合委託B團體打訴訟，B團體太會打官司，A業者受不了，透過各種軟硬手段讓這些100名的客戶不要繼續授與B團體打訴訟，以書面撤回訴訟實施權之授與，並通知法院，這時候B團體已經進行的訴訟程序就當然停止，法院就可以依據職權或依據這100個人的聲明來承受原本進行的訴訟程序。

財團法人或公益社團法人依前條規定起訴後，因部分當事人撤回訴訟實施權之授與，致其餘部分不足20人者，仍得就其餘部分繼續進行訴訟。(個資§35II)此項規定是為了訴訟安定及誠信原則。舉個例子，原本有25個人授與訴訟實施權，後來有6個人撤回，只剩下19個人而不足20個人，但還是可以繼續進行訴訟。

● **自行提出上訴**

當事人對於本法第34條訴訟之判決不服者，得於財團法人或公益社團法人上訴期間屆滿前，撤回訴訟實施權之授與，依法提起上訴。(個資§38I)本項明定當事人得自行提起上訴之要件及時期。

財團法人或公益社團法人於收受判決書正本後，應即將其結果通知當事人，並應於7日內將是否提起上訴之意旨以書面通知當事人。(個資§38II)本項明定財團法人或公益社團法人應將訴訟結果及是否提起上訴之意旨，儘速以書面方式通知當事人，俾當事人及早採行因應措施，以保障其權益。

4.

賠償金額之分配與強制律師代理制

● 賠償金額之分配

財團法人或公益社團法人應將第34條訴訟結果所得之賠償，扣除訴訟必要費用後，分別交付授與訴訟實施權之當事人。(個資§39Ⅰ)

提起第34條第1項訴訟之財團法人或公益社團法人，<u>均不得請求報酬。</u>(個資§39Ⅱ)

財團法人或公益社團法人為當事人提起團體訴訟，係為了多數受害人之利益，而非為其自身利益。是以，該訴訟如勝訴而得到賠償，扣除訴訟必要費用後，自應分別交付授與訴訟實施權之當事人，且不得請求報酬，以避免有趁機圖利之情事。所以參考證券投資人及期貨交易人保護法第33條及消費者保護法第50條，增訂本條。

但完全都不能請求報酬，似乎也不妥當，沒有一定利益上的動機，對於這些團體恐怕也欠缺驅動的力量，可以參考法律扶助法第33條規定：「因法律扶助所取得之標的具財產價值，且其財產價值超過基金會所訂標準者，分會得請求受扶助人負擔酬金及其他費用之全部或一部為回饋金。」建立回饋金制度，可能讓這些協助處理個人資料訴訟案件之團體，其營運上的資金可以更加地健全。

賠償金分配示意圖

賠償金額　訴訟必要費用

剩餘金額，由當事人進行分配

幫忙打了那麼久的官司，多少也應該奉獻一下，結果一毛錢的報酬都不能拿。

財團法人或
公益社團法人

● **強制律師代理制**

　　依本章規定提起訴訟之財團法人或公益社團法人，應委任律師代理訴訟。(個資§40)財團法人或公益社團法人依第34條第1項規定提起團體訴訟者，應委任律師代理訴訟，除期能加強該訴訟品質外，並符合民事訴訟法第68條第1項本文：「訴訟代理人應委任律師為之。」。所以參考消費者保護法第49條第2項前段，增訂本條規定。

　　律師，也算是訴訟必要費用，一個當事人請律師，500元至2萬元的賠償金額可能不夠支付一個審級的律師費用，但集體訴訟人數增多，就有能力可以支付該筆費用。

＊筆記＊

7

[刑事責任與行政責任]

違反規定之刑事責任

● **基本規定**

一、無意圖 (擬修法將無意圖營利之類型刪除)

　　違反本法第6條第1項、第15條、第16條、第19條、第20條第1項規定，或中央目的事業主管機關依第21條限制國際傳輸之命令或處分，足生損害於他人者，處2年以下有期徒刑、拘役或科或併科新臺幣20萬元以下罰金。(個資§41Ⅰ)修正主觀構成要件，即使不具營利意圖者，亦構成犯罪。

　　例如只是幫朋友(討債集團)查詢資料(債務人資料)，違反第16條有關個人資料利用之規定，也就是不在職務必要範圍內，也不符合蒐集特定的目的，更沒有符合排除之規定，且只是幫忙沒有營利的意圖，即依據第41條第1項加以處罰。

二、有意圖

　　意圖營利犯前項之罪者，處5年以下有期徒刑，得併科新臺幣100萬元以下罰金。(個資§41Ⅱ)如前述幫朋友(討債集團)查詢資料(債務人資料)，若依據每筆資料計價，則違反本項規定，有更重的刑事責任。

【實務案例：相親資料庫】

　　再舉例，曾有某高等法院庭長將公家資料庫當成了相親資料庫，超越其職權範圍濫查80多位女同事的資料，遭該院自律委員會決議送請司法院懲處，司法院人事審議委員會決議記大過免兼庭長，該庭長也會違反本法第16條，而有相關刑事規定之適用。

刑事責任一覽表

第6條 第1項	公務機關 非公務機關	敏感性資料	
第15條	公務機關	蒐集、處理	特定目的及符合特定要件之一
第16條	公務機關	利用	職務必要範圍內、符合蒐集特定目的
第19條	非公務機關	蒐集、處理	
第20條 第1項	非公務機關	利用	
第21條	非公務機關	限制國際傳輸之命令或處分	

常見問題

現在許多駭客透過中繼站入侵被害人電腦，並竊取商業或國家機密，是否被害人也要負擔刑事責任？

【解答】
基本上均應無刑事責任，被害人如果是公務機關，則涉及到違反個資法第18條規定：「公務機關保有個人資料檔案者，應指定專人辦理安全維護事項，防止個人資料被竊取、竄改、毀損、滅失或洩漏。」如果是非公務機關，則涉及到違反個資法第27條規定：「非公務機關保有個人資料檔案者，應採行適當之安全措施，防止個人資料被竊取、竄改、毀損、滅失或洩漏。」均非前開個條之條文，所以並沒有刑事責任之問題，只有國家賠償責任與民事責任。

個資法第41條之刑罰，對於多階層之決策體系，應該由哪一個階層負擔刑事責任？

【解答】
個人資料不能恣意蒐集，應符合本法第6條第1項、第15、16條規定合目的性及職務必要性之規定，否則恣意為之，即便未有營利之意圖，仍有刑事責任。處罰之主體應為該行為之有決策權人，例如警員甲偷偷幫朋友查資料，則由警員甲負責；某單位資訊部門主管為簽文最高決定者，若也有主觀上的犯意，亦應由該部門主管負責，未必是該單位之最高主管。

● 破壞資料正確性之刑事責任

意圖為自己或第三人不法之利益或損害他人之利益，而對於個人資料檔案為非法變更、刪除或以其他非法方法，致妨害個人資料檔案之正確而足生損害於他人者，處5年以下有期徒刑、拘役或科或併科新臺幣100萬元以下罰金。(個資§42)本條立法意旨在於處罰以非法方式妨害個人資料檔案正確性之行為。

舉個電影的例子，終極警探第四集這部電影中，不肖駭客的入侵行為，造成全美包括電訊、號誌、網路全都中斷的情節，在目前高度網路化的今天，許多情節已經出現在現實的社會中。既然能夠入侵，當然也就可以竄改，可能把有前科者刪改成為沒有前科的人；反之，如果沒有前科的人被竄改成有前科者，被路口警察攔檢時，可能就會被上銬逮捕，要花許多時間才能澄清此一錯誤。

● 屬人主義

中華民國人民在中華民國領域外對中華民國人民犯前二條之罪者，亦適用之。(個資§43)本規定違法侵害個人資料之行為，並不限於在我國境內始足為之，為強化對個人資料之保護，如果有人在國外進行我國人士的資料處理，例如大陸駭客偷取了台灣公務機關的資料庫後，在大陸完成處理與利用，也適用本法第41、42條刑事規定。

● 公務員加重其刑

公務員假借職務上之權力、機會或方法，犯本章之罪者，加重其刑至二分之一。(個資§44)

● 告訴乃論與非告訴乃論

本章之罪，須告訴乃論。但犯第41條第2項之罪者，或對公務機關犯第42條之罪者，不在此限。(個資§45)

由於意圖營利而違法蒐集、處理或利用個人資料，或違反限制國際傳輸之命令或處分者，惡性較為重大，且侵害個人隱私權益甚鉅，所以增訂但書規定，對於第41條第2項之罪者，排除需告訴乃論，即令無被害人提出告訴，亦得追究犯罪者之刑事責任，以期加強打擊盜賣個人資料之不法行為。

此外，鑑於刑法第361條與刑法第363條規定，攻擊公務機關電腦或其相關設備係非告訴乃論罪，所以於但書一併規定，對公務機關犯第42條之罪者，毋庸告訴乃論，以求一致。

● 特別法之規定（46）

犯本章之罪，其他法律有較重處罰規定者，從其規定。(個資46)

個人資料保護法部分條文修正草案條文對照表

修正條文	現行公布條文 （99年5月26日修正公布）	說　明
第四十一條 意圖營利違反第6條第1項、第15條、第16條、第19條、第20條第1項規定，或中央目的事業主管機關依第21條限制國際傳輸之命令或處分，足生損害於他人者，處5年以下有期徒刑，得併科新臺幣1百萬元以下罰金。	第四十一條 有違反第6條第1項、第15條、第16條、第19條、第20條第1項規定，或中央目的事業主管機關依第21條限制國際傳輸之命令或處分，足生損害於他人者，處2年以下有期徒刑、拘役或科或併科新臺幣20萬元以下罰金。 意圖營利犯前項之罪者，處5年以下有期徒刑，得併科新臺幣1百萬元以下罰金。	一、非意圖營利而違反本法相關規定，原則以民事損害賠償、行政罰等救濟為已足，爰刪除第1項規定，理由如下： (一)按其他特別法有關洩漏資料之行為如非意圖營利，並非皆以刑事處罰，例如醫療法第72條及第103條第1項第1款規定。 (二)次按非意圖營利違反本法規定之行為，於相關刑事法規已有規範足資適用，例如刑法妨礙秘密罪章、妨礙電腦使用罪章、公務員洩漏國防以外秘密罪、貪污治罪條例，是以，於本法規範非意圖營利行為之刑事處罰規定，易有刑事政策重複規範之缺點。 (三)另查一行為同時觸犯刑事法律及違反行政法上義務規定者，依刑事法律處罰之(行政罰法第26條第1項規定)，準此，如保留非意圖營利之刑事處罰規定，將大幅減少本法第47條行政罰規定適用之機會，故擬刪除非意圖營利行為之刑事處罰規定。

（續下頁）

修正條文	現行公布條文 （99年5月26日修正公布）	說　明
		二、第2項移列為修正條文 　　內容，並配合修正文 　　字。
第四十五條 本章之罪，須告訴乃論。但犯第41條之罪者，或對公務機關犯第42條之罪者，不在此限。	第四十五條 本章之罪，須告訴乃論。但犯第41條第2項之罪者，或對公務機關犯第42條之罪者，不在此限。	配合現行公布第41條第二項已移列為修正條文第41條內容，酌為文字修正。

＊筆記＊

2.

未限期改正之行政罰

● 違反較嚴重情況之處罰

非公務機關有下列情事之一者，由中央目的事業主管機關或直轄市、縣(市)政府處新臺幣5萬元以上50萬元以下罰鍰，並令限期改正，屆期未改正者，按次處罰之：(個資§47)

一、違反第6條第1項規定。

二、違反第19條規定。

三、違反第20條第1項規定。

四、違反中央目的事業主管機關依第21條規定限制國際傳輸之命令或處分。

本條係針對非公務機關違反本法規定時，所得科處之行政罰。為期明確，以「非公務機關」為處罰之對象，而處罰機關為中央目的事業主管機關或直轄市、縣(市)政府。

本法適用對象業並無行業別限制，故非公務機關不再以法人或團體為限，為達處罰效果，爰將現行法處罰對象為非公務機關之負責人修正為該非公務機關。至於該非公務機關有代表人、管理人或其他有代表權人，而未盡防止義務者，則並受同一罰鍰之處罰，另於本法第50條規定之。

● 違反較輕微情況之處罰

非公務機關有下列情事之一者，由中央目的事業主管機關或直轄市、縣(市)政府限期改正，屆期未改正者，按次處新臺幣2萬元以上20萬元以下罰鍰：(個資§48)

一、違反第8條或第9條規定。

二、違反第10條、第11條、第12條或第13條規定。

三、違反第20條第2項或第3項規定。

四、違反第27條第1項或未依第2項訂定個人資料檔案安全維護計畫或業務終止後個人資料處理方法。

　　本條係針對非公務機關違反本法規定時，所得科處之行政罰。為期明確，以「非公務機關」為處罰之對象，而處罰機關為中央目的事業主管機關或直轄市、縣(市)政府。

　　新法增訂第3款規定，對於非公務機關違反本法第20條第2項或第3項規定，當事人已拒絕接受行銷，仍未停止利用其個人資料行銷者(依據將客戶資料賣給第三人)，或於首次行銷時未免費提供當事人表示拒絕方式者，得限期改正，屆期仍未改正者，<u>得按次處罰</u>。

　　對於企業主而言，<u>訂定安全維護計畫</u>是會提高企業營運成本，企業要花錢來遵循辦理的意願恐怕並不高。為落實非公務機關對個人資料檔案安全維護之義務，除前開民事責任之外，明定違反第27條第1項未採行適當之安全措施，或中央目的事業主管機關依第2項規定指定之非公務機關，未訂定個人資料檔案安全維護計畫或業務終止後個人資料處理方法者，得限期改正，屆期仍未改正者，則予以處罰。所以如果還在觀望個人資料保護法的業者，要趕緊落實相關制度的建立。

● 拒絕主管機關之進入、檢查或處分之處罰

　　非公務機關無正當理由違反第22條第4項規定者(拒絕主管機關之進入、檢查或處分)，由中央目的事業主管機關或直轄市、縣(市)政府處新臺幣2萬元以上20萬元以下罰鍰。(個資§49)

　　本條係針對非公務機關違反本法規定時，所得科處之行政罰。為期明確，以「非公務機關」為處罰之對象，而處罰機關為中央目的事業主管機關或直轄市、縣(市)政府。

　　本條規定參酌公平交易法第43條規定，增加「無正當理由」，以排除具有阻卻違法正當事由情況下拒絕檢查行為之可罰性。

3.

代表權人之處罰與防止義務之證明

● 代表權人、管理人之處罰

老闆忙得要死，抱怨說：每天日理萬機，這種個資法的小事不要煩我！有鑑於此，如果老闆都不重視，承辦人員恐怕也得過且過，這樣子對於個人資料的保護並不完善，所以本法第50條規定讓老闆也要負擔行政上的責任。不過，要特別注意者，老闆的責任是行政責任，並不是刑事責任，常有人問筆者怎樣才能讓老闆不被關，通常是誤以為老闆要負擔刑事責任，其實只是行政上的責任。

非公務機關之代表人、管理人或其他有代表權人，因該非公務機關依前三條(47-49)規定受罰鍰處罰時，除能證明已盡防止義務者外，應並受同一額度罰鍰之處罰。(個資§50)

非公務機關之代表人、管理人或其他有代表權人，對於該公務機關，本有指揮監督之責，故非公務機關依第47條至第49條規定受罰鍰之處罰時，該非公務機關之代表人、管理人或其他有代表權人，對該違反本法行為，應視為疏於職責，未盡其防止之義務(包含個人資料應採取適當安全措施之義務)，而為指揮監督之疏失，應並受同一額度罰鍰之處罰。

● 防止義務之證明

若不想要受此行政罰，則依據本條但書規定，必須能證明其已盡防止義務。防止義務的主要內容，還是個資法第27條第1項之內容「非公務機關保有個人資料檔案者，應採行適當之安全措施，防止個人資料被竊取、竄改、毀損、滅失或洩漏。」

代表權人、管理人之處罰項目

法律條文	條文內容	處罰內容
個資§47①	違反第6條第1項規定(原則不得蒐集、處理或利用)	處新臺幣5萬元以上50萬元以下罰鍰,並令限期改正,屆期未改正者,按次處罰之。
個資§47②	違反第19條規定(非公務機關違法蒐集或處理)	
個資§47③	違反第20條第1項規定(非公務機關違法利用)	
個資§47④	違反中央目的事業主管機關依第21條規定限制國際傳輸之命令或處分	
個資§48①	違反第8條或第9條規定	限期改正,屆期未改正者,按次處新臺幣2萬元以上20萬元以下罰鍰。
個資§48②	違反第10條、第11條、第12條或第13條規定	
個資§48③	違反第20條第2項或第3項規定	
個資§48④	違反第27條第1項或未依第2項訂定個人資料檔案安全維護計畫或業務終止後個人資料處理方法	
個資§49	無正當理由違反第22條第4項規定(規避、妨礙或拒絕主管機關或中央目的事業主管機關或直轄市、縣(市)政府之進入、檢查或處分)	處新臺幣2萬元以上20萬元以下罰鍰。

＊筆記＊

8

第 八 篇

[電腦鑑識]

電腦鑑識發展多年，一直屬於相當冷門的領域，受關注的程度不高。託個人資料保護法之通過，始獲得普遍之關注，開始大幅度探討電腦鑑識的重要性。窺究其原因，應該是潛在性的賠償金額過高，為了要找到被入侵的原因與來源，並符合個人資料保護法規範的要求，電腦鑑識方因此成為顯學；另外，行政檢查權也涉及電腦鑑識技術之應用，殊值重視。

電腦鑑識之基本概念

● 電腦鑑識之定義

首先，要來講一下什麼是電腦鑑識？

很多人都應該聽過CSI(Crime Scene Investigation)這部美國影集，探討犯罪現場調查，這是一部粉絲眾多、收視率極高的影集，許多難破的案件，在鑑識人員的抽絲剝繭之下，都可以順利突破，也帶動民眾對於鑑識科學的關注。

電腦鑑識屬於鑑識科學的一環，隨著科技的演進，人們的生活與電腦網路早已脫離不了關係，也讓數位鑑識的重要性逐漸增加。雖然數位鑑識才剛起步，但這幾年來發展有長足的進步，也逐漸成為一門顯學。

所謂數位鑑識(Digital Forensics)，簡單來說就是透過一種標準的數位證據採證流程，將電腦、網路設備中的數位證據加以保存，並整合相關數位證據進行分析、比對，還原事件發生的原始面貌。

● 數位鑑識與個資法之關連性

在個人資料保護法中，並沒有看到「電腦鑑識」這幾個字。可是在許多研討會、期刊文章中，卻常常將兩個名詞串在一起。到底是什麼魔力讓兩者透過個資法而相會呢？

基本上，電腦鑑識適用在各種法律領域中，無論是行政、刑事或民事案件，只要有發現數位環境中真實的必要，就有電腦鑑識發揮的空間。個資法同時存在著行政、刑事或民事案件的不同領域，電腦鑑

識當然有其存在的必要，再加上潛在性的賠償金額過高，為了要找到被入侵的原因與來源，並符合個人資料保護法規範的要求，電腦鑑識方因此成為顯學。只是該怎麼評斷電腦鑑識所扮演的角色，就是重點所在。

電腦鑑識程序基本流程

蒐　集	犯罪現場找出所有可能成為證據的數位資訊設備及儲存媒體，例如：硬碟、外接式硬碟、光碟片(CD/DVD) 及軟碟磁片、USB 隨身碟、快閃記憶卡 (Flash Memory)、手機、雲端設備等。
檢　驗	指存取並截取輸出與案情相關的資訊，時常會面臨到需要繞過應用程式及作業系統的安全保護程序、資料壓縮、密碼加密、以及存取控制。
分　析	相關資料被輸出之後，接下來便要對這些資料進行分析、交叉檢驗及案情推論，以得到一個犯罪案件發生的過程及結論。 實務上運作，數位鑑識人員必須與案件承辦人員溝通，瞭解案件的重點所在，才能讓分析的結果有助於案件的偵查，而不會像是在大海撈針一樣，沒有效率，甚至於做了白工。
報　告	報告主要是將分析的結果及結論，以清楚明瞭的方式呈現給企業的管理者或是法官及律師做為參考。
法庭呈現	相關數位證據與報告呈現於法院中，作為認定事實、適用法律之基礎，鑑識人員視案情的需要，也有可能出庭作證，成為鑑定人或鑑定證人。

2.

建立電腦鑑識機制的目的

● 買了產品，就可以免責？

一般銷售鑑識相關產品的業者，都會灌輸產品使用的消費者一個觀念，買了這個產品就可以舉證免責。

這樣子的說法正確嗎？

當然不是完全地正確，而且會誤導鑑識產品的正確使用目的。

本法施行細則第12條規定，與電腦鑑識比較有直接相關聯者，當屬第2項第10款：「必要之使用紀錄、軌跡資料及證據保存。」所以如果說單單購買了鑑識設備，充其量不過僅滿足了該款之部分要求，並不足以表示已經符合「適當安全維護措施」(個資§6)、「安全維護事項」(個資§18)、「適當之安全措施」(個資§27)。因為依據施行細則第12條第2項規定，總共有11項內容必須要遵守，如果只做了其中一項，實在難以認為符合「適當安全維護措施」(個資§6)、「安全維護事項」(個資§18)、「適當之安全措施」(個資§27)之要件。

● 透過鑑識找出原因

要符合這11項要件之目的為何？

還記得前文所提到的舉證轉換嗎？在非公務機關必須證明自己是非故意或過失之行為，才能夠免責。所以，證明本身已經符合施行細則第12條第2項，總共有11項內容之規定，即可以大聲地說，我雖然資料外洩了，但是因為沒有故意過失，所以不必負責任。

　　這樣子的推論還是太快，舉個例子，即使已經做到這11項的要求，但內賊一人可抵千軍萬馬的駭客，結果資料還是外洩了，非公務機關還是有故意或過失，所以這時候電腦鑑識的概念就可以上場。

　　為何現在要提到電腦鑑識呢？因為如果是在數位的環境中，就必須靠電腦鑑識找到外洩資料的原因。舉個例子，結果發現確實是駭客入侵，但入侵的原因是「零時差攻擊」(Zero-day Attack)，這種零時差攻擊，是駭客利用系統漏洞尚未有填補的方式所產生的安全空窗期進行攻擊，即便非公務機關架構完整的資安防護網，也落實立即增補系統、軟體之修正檔，還是很難防止類似的入侵發生，這時候就應該認為並無故意或過失。

非公務機關	公務機關
建構電腦鑑識機制之目的： 1.符合第18條「安全維護事項」的要求。 2.找尋資料外洩來源，例如是駭客攻擊或內部員工外洩，進而向其求償。 3.找尋資料外洩原因，舉證證明自己在符合符合第27條「適當之安全措施」要求的前提下，外洩之原因難以避免，並無故意過失而免責。	**建構電腦鑑識機制之目的：** 1.符合第18條「安全維護事項」的要求。 2.主要是找到資料外洩來源，可向其求償。 3.找尋外洩的原因，但因為要負擔無過失責任，所以即便舉證證明自己並無故意過失，仍要負責。只能依據國家賠償法之求償權規定，向故意或重大過失之公務員求償。 4.公務員可證明自己並無故意或重大過失。

個資法將舉證責任轉換，企業必須負起舉證責任才能免責，到底企業該怎麼樣才能提出完整的事證？

【解答】

一、證明無過失

　　企業最煩惱的可能不是如何提出完整的事證，而是該提出什麼事證可以證明已經非常地努力維護個人資料的安全，但即便非常努力還是無法防止外洩事件的發生。

二、什麼是過失？

　　依據個資法第29條第1項但書規定：「但能證明其無故意或過失者，不在此限。」所以企業要證明的就是沒有過失，也就是不夠成過失的要件。什麼是過失的要件呢？過失是指「應注意、能注意，而不注意」。（如右頁表）

三、注意義務的具體內容

　　到底要做到什麼注意義務的程度呢？

　　依據舊法(電腦處理個人資料保護法)之立法經驗，未來應會制定類似「個人資料檔案安全維護計畫」之標準，這可以作為判斷當事人是否達到「善良管理人之注意義務」或「與處理自己事務為同一之注意義務」之標準，相關企業依循辦理即可，即可主張非有不注意之情況。

　　如果是具有一定資力，且所含相當重要的個人資料，可參酌「金融業個人資料檔案安全維護計畫標準」。如果只是一般中小型企業，所保護的個人資料性未必如金融機構的個人資料等級，則可以參酌「短期補習班電腦處理個人資料管理辦法」第四章「安全維護計畫標準」，其規定如本書第194頁。

192

過失與否判斷表

過失要件	企業是否符合
應注意	個資法對於企業有要求維護資料安全之相關規範，所以屬於非公務機關的企業，當然負有注意義務，必然該當「應注意」的要件。
能注意	企業可以證明即便已經善盡注意義務，但對於這種資料外洩的情形依舊無法避免，就是屬於不能注意。 否則，只要善盡個人資料安全措施，就能夠防止資料外洩，則屬於「能注意」。 最明顯的例子就是如果發生「零時差攻擊」(Zero-day Attack)，則在漏洞尚未填補的空窗期中，企業主無論善盡各種努力，恐怕都難以防堵攻擊者竊取個人資料的可能性，這時候就屬於不能注意。
不注意	企業可以業已善盡善良管理人之注意義務，例如該買的產品都買了，內部人員也都遵守相關資訊安全步驟、措施，還是無法防範資料外洩之發生，則不構成「不注意」。 反之，如果什麼也沒做，或者是有做但不夠，都是屬於「不注意」。

短期補習班電腦處理個人資料管理辦法

第四章 安全維護計畫標準

第13條

短期補習班保有個人資料檔案者，應訂定個人資料檔案安全維護
計畫，並指定專人辦理安全維護事項，防止個人資料被竊取、竄
改、毀損、滅失或洩漏。

前項個人資料檔案安全維護計畫，應依下列規定辦理：

一、資料安全方面：

㈠個人資料檔案之存取，應釐定使用範圍及使用權限，並設置使
　用者代碼、識別密碼。識別密碼應妥善保存且視需要更新，不
　得與他人共用，並應製作存取紀錄。

㈡個人資料檔案應定期拷貝，並由專人保管。

㈢個人資料檔案使用完畢後，應即退出應用程式，不得留置在電
　腦終端機上。

二、資料稽核方面：

㈠應建立個人資料檔案稽核制度，指定專人定期或不定期稽核個
　人資料檔案管理情形。

㈡以電腦處理個人資料時，應核對個人資料之輸入、輸出、編輯
　或更正情形是否與原檔案相符。

㈢實施稽核人員得調閱有關資料，並請作業人員提供說明。

三、設備管理方面：

㈠應指定專人負責管理個人資料檔案之主機、週邊設備及其他相
　關設施等電腦設備，並應加強天然災害、意外及其他外部系統
　入侵之安全防護措施。

㈡應建立備援制度，對於重要或需永久保留之備份，應有異地存放、專用防火或其他保險設施等。

㈢更新或維修電腦設備時，應指定專人在場，確保個人資料之安全及防止個人資料外洩。

㈣電腦設備報廢或不使用時，應確實刪除電腦硬體設備中所儲存之個人資料檔案。

四、其他安全維護事項：

㈠以電腦處理個人資料檔案之人員，其職務有異動時，應將其所保管之檔案資料移交，接辦人員應另行設定密碼。

㈡遵守一般電腦安全維護之有關規定。

（本管理辦法內容已由教育部預告修正中）

本書評論

此一規定並不會太嚴苛，也不會花費太多，比較具體者應該是備援制度，但如果真的要做到嚴格的異地備援，恐怕花費還是很高，但對於小型企業較無資力投注在個人資料保護者，還是可以透過定期拷貝，並分散地點儲存，如果資料量不大，雲端儲存、管理外包也都是不錯的選項。

3.

證據能力（形式證據力）

● 瞭解蒐集證據並不夠

筆者在外面演講，談到電腦鑑識的概念時，一定會告訴聽講者，來聽筆者演講者大多數都是資訊管理從業人員，至少70%都可以在電腦中找到想要有的資料。但是找得到資料，不代表能在法庭上被採為證據，因為法庭上的證據，除了證據本身之外，對於採證程序也很要求。而電腦鑑識的關鍵就在於符合一定程序下，由專業人員進行數位證據的採集與分析。

● 讓證據符合訴訟程序的要求

如果進入訴訟程序，法庭認定事實的基礎，必須要是具有可信賴與不可否認的證據。

舉個例子來說，甲借款100萬元給乙，乙拒絕償還該筆借款，甲在法庭中提出借據證明乙確實有欠其錢，乙辯稱那份借據上的簽名是某甲偽造簽名，非其本人所為。法院若要將該借據作為認定甲確實有借錢給乙的事實基礎，就必須要先解決借據簽名真偽的議題，這個階段在司法訴訟的程序上，刑事訴訟程序上稱為「證據能力」，民事訴訟程序稱之為「形式證據力」。證據能力(形式證據力)，是指得成為證明案件事實存在與否之證據資格。

有證據能力(形式證據力)的證據，才進一步去判斷是否有證據證明力(實質證據力)，也就是法院覺得這個證據是可信賴的，所以要開始審查本證據與案件事實的關聯性。例如前述所舉的借款案例，借據是真的，簽名也沒有問題，接著就必須要具體審查該借據之內容，是

否如甲所主張的100萬元，相對人是否為乙，這也就是司法程序上常說的第一階段的形式審查，第二階段稱之為實質審查。

換言之，從刑事訴訟法的角度來看，具備證據能力之證據，方得作為證明事實的前提基礎。我國刑訴法第273條第2項規定：「法院依本法之規定認定無證據能力者，該證據不得於審判期日主張之。」同法第155條第2項規定：「無證據能力、未經合法調查之證據，不得作為判斷之依據。」例如，應排除之非供述證據、非任性之自白或傳聞證據等，其他如法條中有謂「不得作為證據」之證據，亦屬無證據能力之證據。

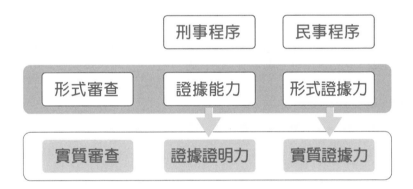

● **證據能力的檢驗項目**

有關證據能力之範圍，不外乎圍繞在關聯性、真實性、任意性、傳聞法則等項目之檢驗，無法通過此類檢驗之過程，則當然無法成為認事用法之依據。以被告自白為例，若對供述之任意性存有懷疑時(如被刑求)，則不得將其作為證據加以採用。換言之，傳聞證據、真實性等屬於證據能力探討之一環。數位證據中，與證據能力較為有關，當屬數位證據的真實性。

4.

電腦鑑識落實於企業經營

前文提到，到了法庭上的證據，必須具有可信賴的基礎，刑事訴訟程序上稱為「證據能力」，民事訴訟程序稱之為「形式證據力」，套句廣告詞，有了證據能力(形式證據力)的數位證據，正如同藥品具備了「先講求不傷身體」，接著就是要「講求療效」，也就是進入證據證明力(實質證據力)的階段。

電腦鑑識的程序，正是蒐集數位證據成為具有可信賴性與不可否認性的基礎，所以企業在面對個人資料保護法時代的來臨，可參考下列步驟，進行內部資訊安全機制的建構：

● 資安設備面

一、儘量開啓稽核紀錄功能

與電腦稽核紀錄檔相關之規定為本法施行細則第12條第2項第6款規定：「資料安全管理與人員管理。」第9款規定：「資料安全稽核機制。」10款規定：「必要之使用紀錄、軌跡資料及證據之保存。」

電腦都有電腦稽核紀錄檔(log)，這些紀錄檔應儘可能地開啓，紀錄電腦各種使用情況。曾有某公家單位遭到入侵竄改資料後，經調閱相關紀錄檔，但僅發現出入的紀錄檔，但因為更進入系統資料的相關紀錄檔沒有開啓，所以不知道入侵者何時竄改了檔案。就如同在家門口安裝了攝影機，但家中沒有裝攝影機，所以只知道小偷潛入家中，但在家中到底是竊盜行為，還是毀損行為，就不得而知了，僅能從結果來判斷，例如少了台手機，就可以推定應該是小偷所為。所以相關

電腦稽核紀錄檔(log)都應該儘量開啓，才能有更充足的證據來佐證。

二、建立可信賴性之稽核紀錄機制

　　其次，則是建立可信賴性與不可否認的電腦稽核紀錄檔(log)。如果log檔可以任意亂竄改，則這些紀錄在法庭上是不具備什麼意義。所以應該要建立一套除了入侵者無法修改外，連管理者也無法修改之稽核紀錄機制。

　　舉一個案例，曾發生某刑法第360條無故干擾電腦系統的案件，經清查干擾來源某一IP，發現該IP屬於某一單位所有。經向該單位資訊部門要求提供在該特定時間內部分配的實際使用者，卻僅回覆表示相關LOG紀錄檔業已無留存。

　　除非來源IP遭到偽造，否則源自於某一單位的IP，一般情況可以追溯到真正使用者，卻因為某些不明的原因，卻找不到可以追溯到源頭的LOG紀錄檔，確實啓人疑竇，不免讓人質疑有可能是MIS管理人員將該等紀錄刪除，如此的電腦稽核紀錄設備即欠缺可信賴性。透過此類系統設備所提出的數位證據，難以為法院的信賴而採用。

　　現在有許多電腦稽核紀錄的設備，特別強調<u>不可否認性</u>，即便是管理者也難以上下其手而修改其內容，對於企業的管控當然是更有幫助，而在司法程序上，這種具有不可否認性的電腦設備所保存的軌跡紀錄，只要經過法庭的說明，呈現紀錄的不可否認性，法院自然對於該等紀錄的證據能力不會有所質疑。

三、權責劃分制以防止系統遭到竄改

筆者曾經看過一些資訊外洩或攻擊的案件，主要的原因在於權力無法相互制衡，一人即可隻手遮天，有些公司因為人手不足，一人身兼數角，最誇張的例子，更曾看過某CEO(執行長)還兼任CIO(資訊長)，最後因為與幕後股東不合而被迫離職，但卻因為掌握太大的系統權限，又回頭入侵該系統，結果發現留下的入侵紀錄都是「未來式」，若無法證明這些時間都還沒有到的入侵紀錄，難以作為法庭上的證據。

【實務案例：台北富邦銀行運彩案】

台北富邦銀行運彩出包，竟發生主管監守自盜，利用職權作弊下注，在已截止投注後，偷偷把電腦系統打開重新下注，並由同夥利用配合下注，由於下注時比賽業已結束，當然知道比賽的輸贏，命中頭獎，賺走至少二百餘萬元頭獎彩金，摧毀運彩公平性以及彩迷之信賴，被檢察官具體求刑2年6月。

如果台北富邦銀行因案需要，必須從系統提出紀錄檔來證明他人的犯罪行為，可能會被他造當事人質疑台北富邦銀行系統紀錄檔的不可否認性，而且還可以依據本案主管可以監守自盜，當然更可以遭到修改，來證據證據的不具信賴性。這時台北富邦銀行可能要耗費更多的口舌，來主張本案只是重新下注，但相關紀錄檔與重新下注無關，屬性不能被修改，具有不可否認性。所以，建立一套交互勾稽的資料處理機制，無法讓員工可以任意破壞系統產出資料的可信任性，這項目的的達成是相當重要。(如下一頁案例)

【實務案例：呂前副總統嘿嘿嘿官司】

　　「呂秀蓮與新新聞之誹謗官司」，因被告李○駿所主張的通聯紀錄不存在，向法院聲請由鑑定機關派員中華電信公司及至台灣大哥大公司進行帳務管理系統儲存磁碟之磁區測試，以瞭解磁區有無遭到修改；再依其台灣大哥大公司儲存ANI Report的database系統之操作手冊取出上開日期系爭行動電話之ANI Report，並送回鑑定機關進行鑑定，以判斷通聯紀錄有無遭到竄改、刪除。但是，法院認為，聲請鑑定人之鑑定方法會破壞第三人電信業者帳務管理系統，如遭破壞，該公司營運將全面停擺，每日有形損失營業額約1.5億元。如法院派員鑑定，勢必影響帳務系統每日正常營運，如用戶要求該公司自行吸收該被延誤之繳費期間，該公司每日累計將遭受2億元之利息損失，且該公司帳務系統產能滿載，如一日出帳程序延誤，將惡性循環，損害難以估計等語。(臺灣高等法院93年度再字第46號民事判決)

　　本案中，法院認為中華電信與台灣大哥大兩家電信業者，均以分工方式制度化規範資料安全管制，以防止遭到其他人修改，亦即系統之程式設計、硬體設備及資料調閱之應用操作，分別交由三個獨立部門管理執行，藉由權責劃分方式，防範系統遭人非法修改，所以法院認為並沒有遭到竄改之可能，最後依據該等紀錄資料，認定呂前副總統並未打電話給新新聞。(最高法院93年度台上字第851號民事判決)

● 人員管理面

前文業已介紹資安設備面，接著來談一下人員管理面。

如前所述，電腦鑑識除了是找到資料外洩來源的方式外，也可以作為找到資料外洩原因的方式。但人員是電腦鑑識操作過程中相當重要的因素，即使有在好的機制，但只要沒有好的人員的操作，結果恐怕也難以令人信賴。

舉個例子，從可信賴的設備中取得LOG檔案，但卻在燒錄成光碟片的過程中，偷偷地竄改資料，則最後呈現在法庭中的結果還是不可信賴。所以在法庭案例中，常常有許多當事人質疑數位證據遭到竄改，這個部份是在探討數位證據的真實性。

一、公正第三人之提出

如果企業發生需要電腦鑑識的案件，曾國外的經驗來說，通常會先委請律師，律師會尋求配合的電腦鑑識專家協助採證，由於電腦鑑識專家與當事人沒有關聯性，只有複委任的關係，所以可以從公正第三人的角度來採集相關事證，進行外洩資料的原因分析與來源追溯。此一鑑識專家所採集的證據，也當然能為法庭所接受。(如右頁圖)

【資安管理的外包】

目前許多企業主的資訊安全工作都委由外包，比較小型的企業主是主機代管，相關資訊安全機制大多由該主機代管業者負責，但企業主通常還是必須要負擔一定的責任，例如自己掌管的帳號密碼外洩，還是會導致資料的外洩。比較大型的企業主會尋求更專業的資訊管理外包，例如宏碁公司的SOC，能同時針對源自於外部與內部的攻擊，建立更高規格的防禦機制，而單一企業主恐怕無法依賴自身的資力進行建置。外包還有一個好處，資料若有提供的必要，外包業者還可勉強稱之為「公正第三人」。

個資法案件如何尋求電腦鑑識之協助

企業發生需電　　委任律師　　尋求電腦鑑
腦鑑識之案件　　　　　　　　識專家協助

蒐　集
↓
檢　驗
↓
分　析
↓
報　告
↓
法庭呈現

　　國外數位鑑識所採取的流程，通常會先透過律師，尋求數位鑑識專家的協助。接著，由數位鑑識專家進行數位證據的採證工作，並提供專業的鑑識報告，在法庭上擔任專家證人。

二、當事人自行提出

　　如果未經公正第三人的電腦鑑識程序，通常都是當事人自行提出，依舊可以提出數位證據，也不代表非經鑑識程序之數位證據，就不能作為法院認定事實、適用法律之基礎。只是即便是個人提出之數位證據，或司法警察人員未經專業鑑識人員進行的蒐證作為，則必須要透過一定的程序，來佐證其數位證據之可信度。

　　尤其是當事人自行提出對己有利之數位證據，常會受到他造所提出證據能力(形式證據力)欠缺之質疑。一般而言，可以透過全程錄影的方式，來提升數位證據之證據能力(形式證據力)，有些電腦稽核紀錄檔或其他數位資料；也或許會強調其不可存取性或不易存取性，來提升其未遭竄改性之可信度。

常見問題

從電腦鑑識的角度，企業該如何制定個人資料外洩事件發生時的標準作業程序(SOP)？該如何進行電腦鑑識，才能避免破壞證據？

【解答】

第一種選項：

可以在發生資料外洩事件時，透過公正第三人進行處理。（如上一頁之流程圖）

第二種選項：

因為委外鑑識的費用相當高，也可以透過內部資訊人員自行蒐集資料。目前個資法及其施行細則已經要求建置「必要之使用紀錄、軌跡資料及證據之保存」，對於檢視事件發生原因與保存一定事證有極大的幫助。

但是到底發生資料外洩事件的電腦設備是否要保留，如果是發生入侵事件，要不要保持犯罪現場的完整，也就是發生資料外洩的電腦設備暫時不能運作。可是若真如此執行，可能會影響企業的正常運作，在許多實務案例上，發現企業為了要讓系統提早正常營運，而將電腦重灌或作犯罪現場的破壞性處理，這樣子的作法就容易將證據破壞。

數位證據雖然具有「可復原性」，但如果恣意破壞或未能妥善保存，要復原證據還是有相當的困難性，建議可採行一定的備援機制，並立即與合作的專業鑑識人員將相關事證留存，以利日後訴訟之用。

企業在尋求電腦鑑識廠商的協助，應該參酌何種評估標準？

【解答】

鑑識產業目前國內之發展尚未成熟，廠商亦不多，如果隨便選擇一些資訊人員進行採證，可能在法庭中會受到各種採證程序與結果的質疑，本文建議評估標準如下：

一、公司的業務範圍：參酌相關資料，例如公司營業項目或相關公告，該公司業務是否包含此一領域。

二、人員資格：檢視其公司人員擁有電腦鑑識類別之國際證照質量，以及鑑識人員實際處理之案件數量與質量來進行評估。除了證照以外，學歷或經歷都是可以參酌的項目，例如鑑識人員研究論文以電腦鑑識為主，其經歷曾經在國內外的電腦鑑識公司或機構服務，都可以證明其具有某種程度的鑑識能力。

三、實驗室：鑑識公司通常有所謂的實驗室或研究室，可考量其鑑識設備的專業度，其鑑識實驗室是否符合一定標準，也許未必需要通過認證，但至少其有一定的鑑識流程，可以驗證其鑑識結果是否具有可信度。否則，試想某實驗室人員剛吃完早餐，手油油的，然後就開始處理鑑識標的，所鑑識出來的品質恐怕很難令人有正面的期待。

9

第 九 篇

[如何請求損害賠償]

買賣房地產如果發生爭議，可以透過和解、調解來解決，萬不得已可能要面臨打官司，如何保障權益，如何進行假扣押，如何撰寫訴狀，如何進行強制執行，本篇都有基本的介紹。

1.

怎麼尋找書狀範例

　　如果必須要透過官司的程序來爭取自己的權利，就必須瞭解如何寫訴狀與法院溝通，但是一般民眾通常沒有唸過法律，即便是唸過法律，如果沒有實務經驗，也不太會寫這些狀紙。但是，實際上並不會太困難，只要搞懂這些格式，再找些書來進修研究，自己也可以成為訴狀專家。

步驟一：
連上司法院，網址為
http://www.judicial.gov.tw

步驟二：
點選「書狀範例」。
（建議按右鍵，選擇「在新視窗開啟連結」，且實際位置可能會因為網頁版型的修改而有所變動。）

司法院 JUDICIAL YUAN　書狀參考範例

書狀格式：

※ 刑事、行政訴訟及少年事件，當事人向法院陳述，使用司法狀紙之大小規格及格式，請參考本院93年12月27日公布之「司法狀紙要點」。

※ 民事事件當事人向法院有所陳述，使用司法狀紙之大小規格及格式，請參考本院93年11月26日修正公布之「民事訴訟書狀規則」。

※ 最後更新日期：2010/02/05

以下範例僅就書狀內容提供參考，書狀格式請依前揭要點、規則製作：

- 壹、民事訴訟
- 貳、少年及家事
- 參、非訟事件
- 肆、民事強制執行、破產與消費者債務清理條例
- 伍、公證
- 陸、提存
- 柒、刑事訴訟
- 捌、行政訴訟
- 玖、公務員懲戒
- 附　錄

步驟三：

點選「書狀範例」後，將進入左列「書狀參考範例」之畫面，目前共有十種類型的書狀範例。如果想要請求損害賠償，請點選民事訴訟。

28	聲請補充判決狀	民事訴訟法第233條第1項、第2項
29	聲請補發裁判書狀	
30	聲請閱卷狀	民事訴訟法第242條第1項
31	民事起訴狀（一般）	民事訴訟法第244條
32	民事起訴狀（借款）	民事訴訟法第244條
33	民事起訴狀（給付票款）	民事訴訟法第244條
34	民事起訴狀（損害賠償）	民事訴訟法第244條
35	民事起訴狀（拆屋還地）	民事訴訟法第244條
36	民事起訴狀（確認界址）	民事訴訟法第244條
37	民事起訴狀（不當得利）	民事訴訟法第244條
38	民事起訴狀（過誤屆屆及損害賠償）	民事訴訟法第244條
39	民事起訴狀（確認本票債權不存在）	民事訴訟法第244條、民事訴訟法第247條、非訟事件法第101條、195條
40	民事起訴狀（所有權移轉登記）	民事訴訟法第244條、民法第758條
41	民事起訴狀（拆除地上物返還土地）	民事訴訟法第244條、民法第767條、民法第821條
42	民事起訴狀（請求給付會款）	

步驟四：

點選進去後，可以看到各種所需要的起訴狀，如果找不到合適的範例，可以點選「民事起訴狀(一般)」。

207

30	聲請閱覽狀	民事訴訟法第242條第1項
31	民事起訴狀（一般）	民事訴訟法第244條
32	民事起訴狀（借款）	14條
33	民事起訴狀（給付票	14條
34	民事起訴狀（損害賠	14條
35	民事起訴狀（拆屋還	14條
36	民事起訴狀（確認買	14條
37	民事起訴狀（不當得	14條
38	民事起訴狀（遷讓房	14條
39	民事起訴狀（確認本	14條、民事訴訟法第247條、非訴事件 5條
40	民事起訴狀（所有權	14條、民法第758條
41	民事起訴狀（拆除地	14條、民法第767條、民法第821條
42	民事起訴狀（請求給付會款）	

（右鍵選單：閱啟(O)／在新索引標籤中開啟(W)／在新視窗開啟(H)／另存目標(A)…／列印目標(P)／剪下／複製(C)／複製捷徑(T)／貼上(P)／利用 Live Search 來翻譯／利用 Windows Live 來傳送電子郵件／利用 Windows Live 來撰寫部落格／所有加速器／加到我的最愛(F)…／Foxy 下載／Foxy 搜尋／內容(R)）

步驟五：
在所選取的訴狀範本連結，按右鍵，將檔案存在自己的電腦中。

民事起訴狀（一般）

案　號		年度	字第	號	承辦股別	
訴訟標的 金額或價額	新臺幣					元
稱　謂	謂姓名或名稱	依序填寫：國民身分證統一編號或營利事業統一編號、性別、出生年月日、職業、住居所、就業處所、公務所、事務所或營業所、郵遞區號、電話、傳真、電子郵件位址、指定送達代收人及其送達處所。				
原　告	各○○○	國民身分證統一編號（及營利事業統一編號）： 性別：男／女　生日：　職業： 住： 郵遞區號：　　電話： 傳真： 電子郵件位址： 送達代收人： 送達處所：				
被　告	各○○○	國民身分證統一編號（及營利事業統一編號）： 性別：男／女　生日：　職業： 住： 郵遞區號：　　電話： 傳真： 電子郵件位址： 送達代收人： 送達處所：				

步驟六：
點開所存取的檔案，會看到左邊範例的內容，第1頁通常都是原告、被告個人資料，以及一些案號、股別、訴訟標的金額或價額的基本資料。
通常第一次打官司時，不必寫案號與股別，原告、被告的個人資料也不必寫得太清楚，但通常需要姓名、地址、電話，最好還有身分證字號。

為請求○○○提起訴訟事：

　　訴之聲明

一、被告應……。

二、訴訟費用由被告負擔。

三、願供擔保，請准宣告假執行。

　　事實及理由

（請載明事實、理由及所引證據）

　　此　致

○○○○地方法院　公鑒

證物名稱及件數	

中　華　民　國　　　　年　　　　月　　　　日

　　　　　　　具狀人　　　　　　　簽名蓋章

　　　　　　　撰狀人　　　　　　　簽名蓋章

步驟七：
範本的第2頁則提供起訴狀的基本格式。但是要會填寫恐怕還是有困難，建議可以參考市售的相關打官司系列的書籍，以協助完整地填寫相關內容，也可以上網找找看有沒有相類似案件的判決，可以學幾句在自己的起訴書中。

【參考書籍】

◎ 錢世傑，民事訴訟—第一次打民事官司就OK！十力文化

◎ 錢世傑，刑事訴訟—第一次打刑事官司就OK！十力文化

◎ 錢世傑，車禍資訊站，十力文化(本書也有許多民事訴訟書狀的範本)

2.

和解

● 民法和解

和解，是當事人之間最常且最容易解決不動產買賣糾紛的方式。

民法上的和解，指當事人約定，互相讓步，以終止爭執或防止爭執發生之契約。此種和解，並不需要透過法院或其他第三人，即可成立。一般當事人私底下的和解，通常就是民法上的和解。(民§736)

● 訴訟上和解

訴訟和解和一般民法規定的和解並不一樣，是指當事人在訴訟過程中，就雙方的主張互相讓步，達成合意，並將結果向法院陳報的訴訟行為。法院不問訴訟程度進行的如何，隨時可以嘗試進行和解。

> 【相關法令】
>
> 民事訴訟法第377條第1項規定
> 法院不問訴訟程度如何，得隨時試行和解。受命法官或受託法官亦得為之。

訴訟和解雖然不是法院的判決，但與確定判決有同一之效力。前述民法上的一般和解，如若對方不履行，充其量只是一種書證。和解內容，能證明當事人之間曾發生過的事情，並沒有與確定判決一樣的效力，如果要有執行力，還是必須經過訴訟的程序，經過判決確定後，才能做為強制執行的執行名義。

民法和解與訴訟和解之比較

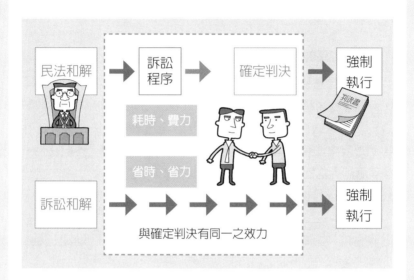

民法和解 → 訴訟程序 → 確定判決 → 強制執行		
耗時、費力		
省時、省力		
訴訟和解 → → → → → → 強制執行		
與確定判決有同一之效力		

民法和解，不要只是傻傻地和解，必須注意下列事項：

考量因素	可能發生的狀況
有沒有第三人在場？	如果沒有第三人，可能和解完之後又翻臉不認帳，還說是被你逼的。
要不要公證？	民法上的和解書只能作為證據之用，經過公證，才可以直接強制執行。
會不會脫產？	如果會，可能就要趕緊假扣押對方的財產，否則達成和解後，恐怕有無法履行之風險。

3.

調解

● 鄉鎮調解委員會之調解

　　調解委員會由地方上之素孚眾望，或熟諳法律之熱心人士所組成，免費為民眾調解關於民事及刑事上告訴乃論之糾紛案件，調解一經成立，經送管轄法院核定後，其效力等同法院判決。若一方不履行，他方可向法院聲請強制執行。調解委員會的調解，不但省錢，而且少了訴訟上的衝突感，更重要的是其效力非常強大。

一、去哪裡找調解委員會？

兩造住居所	管轄的調解委員會
相同的鄉、市、鎮	相同住居所的調解委員會調解。
不在相同的鄉、市、鎮	民事事件由他造住、居所、營業所、事務所所在地之鄉、鎮、市調解委員會調解。刑事事件由他造住居所所在地，或犯罪地之鄉、鎮、市調解委員會調解。
兩造同意，並經接受聲請之鄉、鎮、市調解委員會同意者	得由該鄉、鎮、市調解委員會調解

【相關法令】

鄉鎮市調解條例第11條規定

聲請調解，民事事件應得當事人之同意；告訴乃論之刑事事件應得被害人之同意，始得進行調解。

如何聲請調解？

紛爭發生 ➡ 調解申請 ➡

調解委員會

◎調解成立後，調解委員會製作調解書，送請管轄法院審核，法院准予核定後與法院確定判決生同等效力。

◎調解不成立，調解委員會依聲請發給不成立證明書。

◎若係告訴乃論之刑事事件，依被害人之聲請，移請地檢署偵查。

不成立證明書 + 調解書 =

二、怎麼聲請調解？

原則上要以書面聲請，填好聲請書交給服務人員提出聲請即可。如果不會填寫，可以攜帶國民身分證、印章，以口頭陳述，由調解委員會的人員協助填寫。也可以由地方村里幹事代為填寫，再向調解委員會提出。

● 訴訟調解程序概況

一、調解委員

調解由法官選任調解委員1人至3人先行調解，俟至相當程度有成立之望或其他必要情形時，再報請法官到場。但兩造當事人合意或法官認為適當時，亦得逕由法官行之。(民事訴訟法§406之1Ⅱ)

當事人對於前項調解委員人選有異議或兩造合意選任其他適當之人者，法官得另行選任或依其合意選任之。調解委員行調解時，由調解委員指揮其程序，調解委員有2人以上時，由法官指定其中1人為主任調解委員指揮之。(民事訴訟法§406之1Ⅱ、§407之1)

二、調解期日到場

法官於必要時，得命當事人或法定代理人本人於調解期日到場；調解委員認有必要時，亦得報請法官行之。當事人無正當理由不於調解期日到場者，法院得以裁定處新台幣3千元以下之罰鍰；其有代理人到場而本人無正當理由不從前條之命者亦同。(民事訴訟法§408-409)

三、第三人之參與及專家意見

就調解事件有利害關係之第三人，經法官之許可，得參加調解程序；法官並得將事件通知之，命其參加。例如抵押權人，通常就是所謂有利害關係的第三人。(民事訴訟法§412)

四、調解之成立與否

調解經當事人合意而成立；調解成立者，與訴訟上和解有同一之效力。當事人兩造於期日到場而調解不成立者，法院得依一造當事人之聲請，按該事件應適用之訴訟程序，命即為訴訟之辯論，並視為調解之聲請人自聲請時已經起訴。當事人兩造或一造於期日不到場者，法官酌量情形，得視為調解不成立或另定調解期日。

(民事訴訟法§416、419)

＊筆記＊

4.

保全程序──假扣押

● 什麼是假扣押？

設想如果不動產發生嚴重事件，例如九二一地震倒塌，建商有錢可以賠，但卻打算脫產落跑。搞不清楚的當事人等到纏訟多年後，終於取得勝訴的確定判決，當以為正義得以聲張之際，進行強制執行程序時，才發現對方卻脫產殆盡。

為了避免當事人脫產，有必要將賠償義務人的財產進行暫時性的扣押，賠償義務人不得將被扣押的財產任意處分。因此，所謂假扣押，並不是將財產拍賣出售，而只是「暫時性」地禁止訴訟他造當事人處分財產。

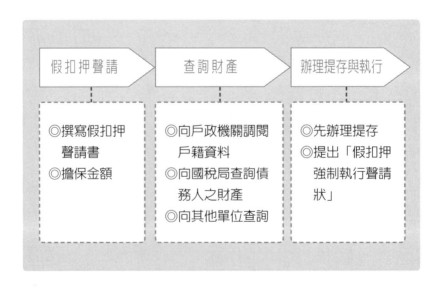

假扣押聲請	查詢財產	辦理提存與執行
◎撰寫假扣押聲請書 ◎擔保金額	◎向戶政機關調閱戶籍資料 ◎向國稅局查詢債務人之財產 ◎向其他單位查詢	◎先辦理提存 ◎提出「假扣押強制執行聲請狀」

● 撰寫假扣押聲請書

假扣押聲請書的格式，可以連上司法院網站(http://www.judicial. gov.tw)，網路上「書狀範例」的連結中，就有提供假扣押的書狀範例。寫完假扣押聲請書狀後，就可以拿到法院遞狀。如果你沒有遞狀的經驗，千萬別擔心，目前法院的服務都不錯，有服務台可以詢問，也有「訴訟輔導」服務，提供初步的訴訟諮詢。

● 擔保金額大概是多少？

假扣押對於當事人的影響甚鉅，當然不能恣意為之，因此除了提出能說服法官的理由之外，就是要提出一定的擔保，通常都是金錢作為擔保。

通常對於假扣押的原因必須要說明清楚(釋明)，如果說明不足，法院可以要求相當的擔保，在提出擔保後，法院再准予假扣押。擔保的金額通常是假扣押金額的1/3，例如100萬元，擔保金大約是33萬元。

聲請人要考量自身的「現金流量」，因為如果假扣押100萬元，就必須提出約33萬元，這筆錢通常會提存很長一段時間無法運用。所以也可以要求一部份的假扣押，例如只主張假扣押60萬元，那就只需要提出20萬元的現金。

【參考書籍】

◎ 錢世傑，民事訴訟—第一次打民事官司就OK！十力文化

● 查詢財產

假扣押要有扣押的標的。但是相對人有多少存款、多少房子，基於個人隱私，本來是不能隨意查詢。但是法院作出假扣押裁定後，聲請人即可依據假扣押裁定，合法地查詢債務人的財產狀況。

不過要查詢財產狀況前，如果不知道當事人的基本資料，還必須先向戶政機關調閱戶籍資料，尤其是身分證字號，再據以向國稅局查詢債務人之財產，如薪資帳戶、利息帳戶、土地等。如果只有菜市場名字，恐怕人數眾多，就會比較難找出來對象是誰，所以簽約的時候最好留下身分證資料。

不過國稅局查出來的資料，並不是最新的。想想看，每年5月報稅，也是報去年的稅，所以5、6月以後向國稅局查資料，才有可能查到去年的資料，如果是5、6月以前，恐怕只能查到前年的資料。

假扣押經法院裁定後，超過30日時，就不能聲請執行。因此，查詢資料也當然要在30天的期限內完成，否則也不能向國稅局查相對人的財產資料，此一時間要特別注意，以免時間過了，要再次向法院聲請，可能法院就不會再准了。

● 辦理提存與執行

聲請人須依假扣押裁定內容辦理提存，如法院要求提供擔保金33萬，就必須將33萬的現金或定存單等擔保品提交法院提存所。提存程序必須填寫「提存書」。

這時候法院會依據假扣押裁定的金額，要求繳付一定的提存費用。通常是三分之一，100萬元大約就是33萬元。可是當初聲請的金額若太高(譬如損害賠償金額是100萬元)，可能查詢出來的財產都沒那麼多(只有20萬元)，這時候未必要以損害賠償的金額向法院聲請假扣押之裁定，如果判斷對方沒什麼財產，或者是自己提存的金額拿不出來太多，可以少聲請一些，例如請求法院裁定假扣押30萬元，如此一來，三分之一大約就是9萬元，這一筆資金因為要放在法院一段時間，對於自己資金上也比較沒有太大的壓力。

假扣押還要再撰寫「假扣押強制執行聲請狀」，可以連上司法院網站(http://www.judicial.gov.tw)，網路上「書狀範例」的連結中，就有提供假扣押的書狀範例。

【參考書籍】

◎ 錢世傑，民事訴訟——第一次打民事官司就OK！十力文化

＊筆記＊

5.

起訴程序

　　訴狀，是打官司的關鍵技巧開始。一定要撰寫訴狀，法院才會開始受理案件，不能只透過口頭聲明，或者是像古代擊鼓鳴冤，這些法院都不會受理的。所以，學習如何寫訴狀，成為與法院溝通的方式。

● 訴狀的基本格式

　　訴狀有一定的基本格式，包括狀紙的名稱、案號、股別、訴訟標的、起訴事由等，其他還有受理的法院、證物名稱及件數、具狀人，以及日期。同樣地，可以連上司法院網站(http://www.judicial.gov.tw)，網路上「書狀範例」的連結中，就有提供假扣押的書狀範例。

　　以起訴狀為例，最主要是訴之聲明及事實及理由等兩大部分。相關基本的格式，民事訴訟法第244條第1項也有規定：

> 　　起訴，應以訴狀表明下列各款事項，提出於法院為之：
> 一、當事人及法定代理人。
> 二、訴訟標的及其原因事實。
> 三、應受判決事項之聲明。

● 高額的律師費用與訴訟費用

　　煩雜的訴訟程序確實讓人很心煩，該怎麼辦呢？因為不動產買賣糾紛，涉及的金額相當高，如果不懂法律，很容易就吃了程序上的虧，所以在此當然就是建議花錢聘請律師囉！可是聘請律師的費用相當高昂，單一審級的基本律師費用，少說也要4-8萬，甚至於複雜的案件還要更高。

　　捨不得花怎麼辦？如果符合一定經濟上困難的條件，就可以向法律扶助基金會聲請救助，會派一位免費的律師幫你打官司，且先不要期望太高，還要符合一定的條件，並不是人人都可以聲請的，尤其是不動產買賣爭議，可以買得起房子的人，通常都有一定的資力，要通過資格審查恐怕就會有問題。無論如何，一個上百萬，甚至於上千萬的不動產訴訟標的，花個幾萬元打官司，投資報酬是有必要的。

　　此外，還有訴訟費用，大約是訴訟標的的1%，所以不要亂主張金額，隨便就喊個1億元，一審的訴訟費用就要100萬元，比律師費貴上許多，如果打到二、三審，訴訟費用還更貴，3、4百萬跑不掉，即便法院判決被告應賠償5百萬元，就被律師費以及訴訟費用吃光了，真正進自己口袋的部份少之又少。

【參考書籍與單位】

◎ 錢世傑，民事訴訟—第一次打民事官司就OK！十力文化

◎ 法律扶助基金會，http://www.laf.org.tw。

6.

強制執行程序

受害人取得執行名義，如確定判決，加害人若不自動履行，則經由受害人向法院聲請，透過國家公權力的協助，達到滿足債權的目的，稱之為強制執行。與假扣押不同之處，假扣押的「假」是暫時的意思，也就是為了避免債務人脫產，所為暫時性的緊急處置，法院尚未判決聲請人有合法拍賣財產的權利，只是讓特定的財產暫時不能移轉處分；而強制執行則是法院正式宣告有權利可以拍賣債務人的財產。

● 調查財產

與假扣押一樣，調查財產是強制執行程序中最重要的一部份，如果對方沒有財產，可能最後只能得到債權憑證，勝訴也只是空歡喜一場。調查財產的方式，例如向國稅機關調閱，也可以向法院聲請債務人財產，更可以請法院出面，命令債務人報告財產狀況。

● 聲請執行

強制執行是指由債權人具狀向執行法院聲請強制執行。只要有了執行名義，也知道債務人的具體財產的數量及位置後，就可以開始寫狀紙，聲請執行法院進行強制執行。同樣地，聲請強制執行的書狀格式，可以連上司法院網站(http://www.judicial.gov.tw)，網路上「書狀範例」的連結中，就有提供假扣押的書狀範例。

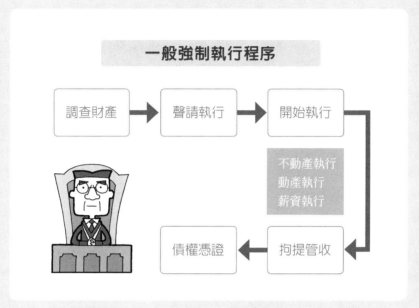

一般強制執行程序

調查財產 → 聲請執行 → 開始執行

不動產執行
動產執行
薪資執行

債權憑證 ← 拘提管收

● **執行費用**

　　強制執行費用與先前提到的訴訟費用並不一樣，指聲請強制執行，從查封、測量、鑑價、拍賣登報等等，統稱為執行費用。執行費用由債務人負擔，但是須先由債權人預納。

執行標的金(價)額	執行費用
5千元以下	0元
超過5千元	7元／每千元

　　非財產案件，執行費用3千元。其它未規定者，準用民事訴訟法的規定。

223

● **不動產執行**

　　不動產執行的程序較為複雜，通常可以包括查封、拍賣進行，及完成拍賣階段。基本上可以參考下列流程表，已初步了解整個過程：

Step 1 查封階段	A	囑託地政機關進行查封登記
	B	債權人引導法院人員至現場執行查封行為
	C	不動產的測量與調查

Step 2 拍賣進行階段	A	通知行使抵押權
	B	鑑價程序
	C	拍賣公告、通知
	D	拍定
	E	通知優先購買權人行使權利

Step 3 完成拍賣階段	A	繳交價款
	B	塗銷查封、抵押權登記
	C	發權利移轉證明書
	D	製作分配表、定期分配及領取價款
	E	點交

● 動產執行

不動產通常價值比較高，債權人較喜歡查封拍賣不動產，當不動產不足以清償債權的時候，才會轉而向法院請求查封動產。

檢附執行名義向法院民事執行處聲請強制執行，民事執行處收到聲請狀後會分案，分到案件股的書記官會寄發執行通知，債權人依據通知時間到法院引導執行，進行現場指封，由書記官製作查封筆錄，由執達員貼上封條。

一、要查封什麼動產？

當然是尋找屋子內較值錢的珠寶、股票、電器用品或鋼琴類的財物進行查封，但是常常在法院動產拍賣的物品鐘，還會看到椅子、旅行箱、紙箱、雨傘、內褲等，千奇百怪、無奇不有。甚至於還會看到水井、果樹等不可思異的項目，真不知道這些東西有人會去投標嗎？

二、查封汽車

實務上通常不太會去查封車輛，因為車輛常有貸款，貸款金額往往會高於車輛的殘餘價值，因此，除非車輛已無貸款，或價值不菲(如古董車)，查封車輛才比較有實益。

市面上也有很多的「權利車」，就是欠了銀行貸款沒繳，隨時可能被拖走，就會以很低的價格賣給別人，但所有權還是原車主，只有使用的權利。有些人買不起賓士，但用五分之一，甚至於更低的價格就可以開到賓士車，而且繳稅還是原車主繳交，有的更狠，就隨便亂飆車、闖紅燈，罰單也都是原車主繳納。

● **薪資執行**

薪資的執行，是指每月應領薪資。

範圍為何呢？是指最低薪資嗎？還是全薪？有沒有包括獎金呢？

如果只是底薪，以執行三分之一來計算，相較於全薪而言，債權要獲得清償可能要花更多的時間了。而且假設薪資是指底薪，很多人就會走巧門，要求老闆將其原本4萬元的薪水，底薪本來是3萬元，其他津貼、獎金等是1萬元，這樣子要執行3萬元的三分之一，也就是1萬元；當發現薪資要被執行時，就要求老闆將底薪改為1萬元，其他津貼、獎金等是3萬元，如此一來只要執行1萬元的三分之一，也就是只要3千元。

薪資的部份並非最低薪資，而是全薪：

> 每月應領薪資 = 薪俸 + 各種津貼 + 獎金 + 補助費…等

其中有關獎金的部份，範圍很廣，包括：

> 獎金 = 工作獎金 + 年終獎金 + 考核獎金 + 紅利…等

● **拘提管收**

拘提是強制債務人到場接受詢問的一種強制處分；管收是一種 了促使債務人履行債務，在一定期間內，限制債務人於一定處所的強制處分。

廣告界名人范可欽因積欠前妻贍養費188萬元，前妻獲得勝訴判決後聲請強制執行，范某表示無力履行，法官要求范某先行給付50萬元，否則予以管收，其餘金額則將傳喚債權人協調酌減。

● 債權憑證

聲請強制執行後，若債務人沒有財產可供執行，法院就會發給債權憑證，此憑證可以調閱債務人的財產所得，等到債務人有財產的時候，再予以強制執行。

債務人為了避免債權人的催討，名下通常不會置產，有人認為債權憑證形同「壁紙」。因此，為了降低債務人的防備心，建議過一段時間按兵不動，讓債務人誤以為放棄追討，有時候名下就開始置產了，屆時聲請執行才可達到效果。

若是把戰線拉長，或許幾年後債務人死亡，繼承人又未辦理拋棄繼承，仍可以繼續向繼承人的財產加以執行。法院債權憑證時效5年，每5年一到你要換發新的債權憑證，確保債權的時效性。

＊筆記＊

7.

開庭進度查詢

開庭時間拖延向來為人所詬病，早上11點的庭期，因為前面幾個案件辯論過於精采，或者是案情過於複雜，拖延到後面案件的審理，常常會拖到下午甚至於更晚，對於當事人而言，本來只打算請半天假，搞到後來還要多請半天，對於當事人而言實在是非常不方便。

為了便利民眾，現在還可以上網查看開庭進度，以下介紹如何上網查閱開庭進度：

步驟一：
連上司法院，網址為http://www.judicial.gov.tw。

步驟二：
點選「公告、庭期查詢」。

步驟三：
點選上方的「開庭進度查詢」。

● 完整的法院資訊服務

早期沒有開庭進度查詢的服務，所以許多人準時到了法院，還是必須碰運氣，才能決定自己真正的開庭時間，尤其是碰到，前一個案子雙方交互詰問攻防相當激烈，可能審理的時間就會拖非常的長，自己案子也就因此而延後了。所以，開庭進度查詢可以說是一個相當貼心的服務，現在上網人口眾多，甚至於很高比例是透過手機3G上網，所以隨時可以查詢法庭審理案件的進度，避免不必要的開庭枯等時間。

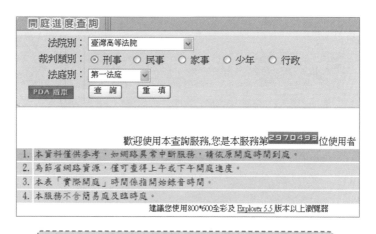

步驟四：
點選進去後，就可以看到查詢的畫面。

步驟五：
選擇法院、裁判類別，與法庭別。
左例為查詢臺灣台北地方法院、民事，以及第21法庭。

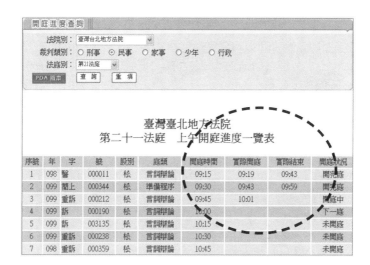

臺灣臺北地方法院
第二十一法庭　上午開庭進度一覽表

序號	年	字	號	股別	庭類	開庭時間	實際開庭	實際結束	開庭狀況
1	098	醫	000011	松	言詞辯論	09:15	09:19	09:43	開完庭
2	099	簡上	000344	松	準備程序	09:30	09:43	09:59	開完庭
3	099	重訴	000212	松	言詞辯論	09:45	10:01		開庭中
4	099	訴	000190	松	言詞辯論	10:00			下一庭
5	099	訴	003135	松	言詞辯論	10:15			未開庭
6	099	重訴	000238	松	言詞辯論	10:30			未開庭
7	098	重訴	000359	松	言詞辯論	10:45			未開庭

步驟六：
查詢結果就會出現開庭時間、實際開庭(時間)，以及
實際結束(時間)。
如果報到完，可以在法庭外喝杯咖啡等待，隨時上
網查看，時間快到了再進去即可，但建議還是提早
一點進去準備。

8.

庭期表查詢

　　與開庭進度有關者，則是庭期表查詢，如果你忘記自己的庭期，可以直接上網查詢，可以查到完整的基本資料。

　　步驟一：連上司法院，網址為http://www.judicial.gov.tw。

　　步驟二：點選「公告、庭期查詢」。

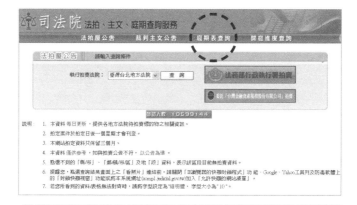

步驟三：點選上方的「庭期表查詢」。

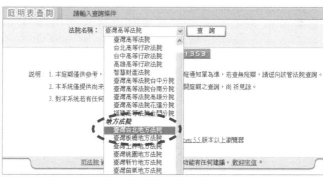

步驟四：選擇所要查詢的法院。

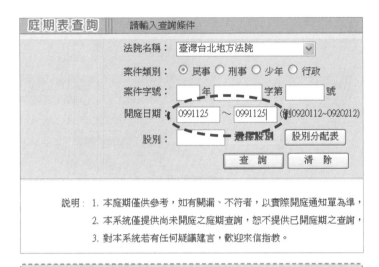

庭期表查詢 請輸入查詢條件

法院名稱： 臺灣台北地方法院

案件類別： ⦿ 民事 ○ 刑事 ○ 少年 ○ 行政

案件字號： [ ] 年 [ ] 字第 [ ] 號

開庭日期： [0991125] ～ [0991125] (例0920112~0920212)

股別： [ ] 選擇股別 股別分配表

查詢 清除

說明： 1. 本庭期僅供參考，如有闕漏、不符者，以實際開庭通知單為準，
2. 本系統僅提供尚未開庭之庭期查詢，恕不提供已開庭期之查詢，
3. 對本系統若有任何疑議建言，歡迎來信指教。

步驟五：點選進去後，輸入相關資料，例如輸入日期，99年11月25日，就輸入0991125。

	法拍屋公告	裁判主文公告		庭期表查詢		開庭進度查詢		

臺灣台北地方法院

筆數	類別	年度	字別	案號	開庭日期	開庭時間	法庭	股別	庭類
1	民事	099	移調	1030	099/11/25	0900	民事調解室(三)	日6	調解程序
2	民事	099	監	321	099/11/25	0900	新店第一法庭	福	調查
3	民事	098	訴	1571	099/11/25	0910	第26法庭	恭	言詞辯論
4	民事	099	家調	1261	099/11/25	0910	新店第二法庭	祥	調解
5	民事	099	訴	4290	099/11/25	0912	第26法庭	恭	言詞辯論
6	民事	099	重訴	1044	099/11/25	0913	第26法庭	恭	言詞辯論
7	民事	099	訴	4481	099/11/25	0914	第26法庭	恭	言詞辯論
8	民事	098	醫	11	099/11/25	0915	第21法庭	松	言詞辯論
9	民事	099	訴	2600	099/11/25	0915	第26法庭	恭	言詞辯論
10	民事	099	除	2377	099/11/25	0916	第26法庭	恭	言詞辯論
11	民事	099	除	2407	099/11/25	0917	第26法庭	恭	言詞辯論
12	民事	099	除	2336	099/11/25	0918	第26法庭	恭	言詞辯論
13	民事	099	訴	4578	099/11/25	0919	第26法庭	恭	言詞辯論
14	民事	099	訴	2288	099/11/25	0920	第26法庭	恭	言詞辯論
15	民事	099	暫家護	311	099/11/25	0920	新店第一法庭	福	調查

合計件數: 261 件

<<第一頁 <<上10頁 <上一頁 [1] 2 3 4 5 6 7 8 9 10 下一頁> 下10頁>> 最後一頁>>

步驟六：查詢完成後，就會提供該日案件的相關資料，使用上非常簡單與方便。

［ 附 錄 ］

附錄A：【個人資料保護法】（修正日期：民國99年05月26日）

條　　　文

第 一 章 　 總 　 則

第 1 條	爲規範個人資料之蒐集、處理及利用，以避免人格權受侵害，並促進個人資料之合理利用，特制定本法。
第 2 條	本法用詞，定義如下： 一、個人資料：指自然人之姓名、出生年月日、國民身分證統一編號、護照號碼、特徵、指紋、婚姻、家庭、教育、職業、病歷、醫療、基因、性生活、健康檢查、犯罪前科、聯絡方式、財務情況、社會活動及其他得以直接或間接方式識別該個人之資料。 二、個人資料檔案：指依系統建立而得以自動化機器或其他非自動化方式檢索、整理之個人資料之集合。 三、蒐集：指以任何方式取得個人資料。 四、處理：指爲建立或利用個人資料檔案所爲資料之記錄、輸入、儲存、編輯、更正、複製、檢索、刪除、輸出、連結或內部傳送。 五、利用：指將蒐集之個人資料爲處理以外之使用。 六、國際傳輸：指將個人資料作跨國（境）之處理或利用。 七、公務機關：指依法行使公權力之中央或地方機關或行政法人。 八、非公務機關：指前款以外之自然人、法人或其他團體。 九、當事人：指個人資料之本人。
第 3 條	當事人就其個人資料依本法規定行使之下列權利，不得預先拋棄或以特約限制之： 一、查詢或請求閱覽。 二、請求製給複製本。 三、請求補充或更正。 四、請求停止蒐集、處理或利用。 五、請求刪除。
第 4 條	受公務機關或非公務機關委託蒐集、處理或利用個人資料者，於本法適用範圍內，視同委託機關。
第 5 條	個人資料之蒐集、處理或利用，應尊重當事人之權益，依誠實及信用方法爲之，不得逾越特定目的之必要範圍，並應與蒐集之目的具有正當合理之關聯。
第 6 條	有關醫療、基因、性生活、健康檢查及犯罪前科之個人資料，不得蒐集、處理或利用。但有下列情形之一者，不在此限： 一、法律明文規定。 二、公務機關執行法定職務或非公務機關履行法定義務所必要，且有適當安全維護措施。

	條　　　　文
第 6 條	三、當事人自行公開或其他已合法公開之個人資料。 四、公務機關或學術研究機構基於醫療、衛生或犯罪預防之目的，爲統計或學術研究而有必要，且經一定程序所爲蒐集、處理或利用之個人資料。 前項第四款個人資料蒐集、處理或利用之範圍、程序及其他應遵行事項之辦法，由中央目的事業主管機關會同法務部定之。
第 7 條	第十五條第二款及第十九條第五款所稱書面同意，指當事人經蒐集者告知本法所定應告知事項後，所爲允許之書面意思表示。 第十六條第七款、第二十條第一項第六款所稱書面同意，指當事人經蒐集者明確告知特定目的外之其他利用目的、範圍及同意與否對其權益之影響後，單獨所爲之書面意思表示。
第 8 條	公務機關或非公務機關依第十五條或第十九條規定向當事人蒐集個人資料時，應明確告知當事人下列事項： 一、公務機關或非公務機關名稱。 二、蒐集之目的。 三、個人資料之類別。 四、個人資料利用之期間、地區、對象及方式。 五、當事人依第三條規定得行使之權利及方式。 六、當事人得自由選擇提供個人資料時，不提供將對其權益之影響。 有下列情形之一者，得免爲前項之告知： 一、依法律規定得免告知。 二、個人資料之蒐集係公務機關執行法定職務或非公務機關履行法定義務所必要。 三、告知將妨害公務機關執行法定職務。 四、告知將妨害第三人之重大利益。 五、當事人明知應告知之內容。
第 9 條	公務機關或非公務機關依第十五條或第十九條規定蒐集非由當事人提供之個人資料，應於處理或利用前，向當事人告知個人資料來源及前條第一項第一款至第五款所列事項。 有下列情形之一者，得免爲前項之告知： 一、有前條第二項所列各款情形之一。 二、當事人自行公開或其他已合法公開之個人資料。 三、不能向當事人或其法定代理人爲告知。 四、基於公共利益爲統計或學術研究之目的而有必要，且該資料須經提供者處理後或蒐集者依其揭露方式，無從識別特定當事人者爲限。 五、大眾傳播業者基於新聞報導之公益目的而蒐集個人資料。 第一項之告知，得於首次對當事人爲利用時併同爲之。
第 10 條	公務機關或非公務機關應依當事人之請求，就其蒐集之個人資料，答覆查詢、提供閱覽或製給複製本。但有下列情形之一者，不在此限：

	條　　　文
第 10 條	一、妨害國家安全、外交及軍事機密、整體經濟利益或其他國家重大利益。 二、妨害公務機關執行法定職務。 三、妨害該蒐集機關或第三人之重大利益。
第 11 條	公務機關或非公務機關應維護個人資料之正確，並應主動或依當事人之請求更正或補充之。 個人資料正確性有爭議者，應主動或依當事人之請求停止處理或利用。但因執行職務或業務所必須並註明其爭議或經當事人書面同意者，不在此限。 個人資料蒐集之特定目的消失或期限屆滿時，應主動或依當事人之請求，刪除、停止處理或利用該個人資料。但因執行職務或業務所必須或經當事人書面同意者，不在此限。 違反本法規定蒐集、處理或利用個人資料者，應主動或依當事人之請求，刪除、停止蒐集、處理或利用該個人資料。 因可歸責於公務機關或非公務機關之事由，未為更正或補充之個人資料，應於更正或補充後，通知曾提供利用之對象。
第 12 條	公務機關或非公務機關違反本法規定，致個人資料被竊取、洩漏、竄改或其他侵害者，應查明後以適當方式通知當事人。
第 13 條	公務機關或非公務機關受理當事人依第十條規定之請求，應於十五日內，為准駁之決定；必要時，得予延長，延長之期間不得逾十五日，並應將其原因以書面通知請求人。 公務機關或非公務機關受理當事人依第十一條規定之請求，應於三十日內，為准駁之決定；必要時，得予延長，延長之期間不得逾三十日，並應將其原因以書面通知請求人。
第 14 條	查詢或請求閱覽個人資料或製給複製本者，公務機關或非公務機關得酌收必要成本費用。
第 二 章 公務機關對個人資料之蒐集、處理及利用	
第 15 條	公務機關對個人資料之蒐集或處理，除第六條第一項所規定資料外，應有特定目的，並符合下列情形之一者： 一、執行法定職務必要範圍內。 二、經當事人書面同意。 三、對當事人權益無侵害。
第 16 條	公務機關對個人資料之利用，除第六條第一項所規定資料外，應於執行法定職務必要範圍內為之，並與蒐集之特定目的相符。但有下列情形之一者，得為特定目的外之利用： 一、法律明文規定。

條 文

第 16 條	二、為維護國家安全或增進公共利益。 三、為免除當事人之生命、身體、自由或財產上之危險。 四、為防止他人權益之重大危害。 五、公務機關或學術研究機構基於公共利益為統計或學術研究而有必要，且資料經過提供者處理後或蒐集者依其揭露方式無從識別特定之當事人。 六、有利於當事人權益。 七、經當事人書面同意。
第 17 條	公務機關應將下列事項公開於電腦網站，或以其他適當方式供公眾查閱；其有變更者，亦同： 一、個人資料檔案名稱。 二、保有機關名稱及聯絡方式。 三、個人資料檔案保有之依據及特定目的。 四、個人資料之類別。
第 18 條	公務機關保有個人資料檔案者，應指定專人辦理安全維護事項，防止個人資料被竊取、竄改、毀損、滅失或洩漏。
第 三 章　非公務機關對個人資料之蒐集、處理及利用	
第 19條	非公務機關對個人資料之蒐集或處理，除第六條第一項所規定資料外，應有特定目的，並符合下列情形之一者： 一、法律明文規定。 二、與當事人有契約或類似契約之關係。 三、當事人自行公開或其他已合法公開之個人資料。 四、學術研究機構基於公共利益為統計或學術研究而有必要，且資料經過提供者處理後或蒐集者依其揭露方式無從識別特定之當事人。 五、經當事人書面同意。 六、與公共利益有關。 七、個人資料取自於一般可得之來源。但當事人對該資料之禁止處理或利用，顯有更值得保護之重大利益者，不在此限。 蒐集或處理者知悉或經當事人通知依前項第七款但書規定禁止對該資料之處理或利用時，應主動或依當事人之請求，刪除、停止處理或利用該個人資料。
第 20 條	非公務機關對個人資料之利用，除第六條第一項所規定資料外，應於蒐集之特定目的必要範圍內為之。但有下列情形之一者，得為特定目的外之利用： 一、法律明文規定。 二、為增進公共利益。 三、為免除當事人之生命、身體、自由或財產上之危險。

	條　　　　文
第 20 條	四、為防止他人權益之重大危害。 五、公務機關或學術研究機構基於公共利益為統計或學術研究而有必要，且資料經過提供者處理後或蒐集者依其揭露方式無從識別特定之當事人。 六、經當事人書面同意。 非公務機關依前項規定利用個人資料行銷者，當事人表示拒絕接受行銷時，應即停止利用其個人資料行銷。 非公務機關於首次行銷時，應提供當事人表示拒絕接受行銷之方式，並支付所需費用。
第 21 條	非公務機關為國際傳輸個人資料，而有下列情形之一者，中央目的事業主管機關得限制之： 一、涉及國家重大利益。 二、國際條約或協定有特別規定。 三、接受國對於個人資料之保護未有完善之法規，致有損當事人權益之虞。 四、以迂迴方法向第三國（地區）傳輸個人資料規避本法。
第 22 條	中央目的事業主管機關或直轄市、縣（市）政府為執行資料檔案安全維護、業務終止資料處理方法、國際傳輸限制或其他例行性業務檢查而認有必要或有違反本法規定之虞時，得派員攜帶執行職務證明文件，進入檢查，並得命相關人員為必要之說明、配合措施或提供相關證明資料。 中央目的事業主管機關或直轄市、縣（市）政府為前項檢查時，對於得沒入或可為證據之個人資料或其檔案，得扣留或複製之。對於應扣留或複製之物，得要求其所有人、持有人或保管人提出或交付；無正當理由拒絕提出、交付或抗拒扣留或複製者，得採取對該非公務機關權益損害最少之方法強制為之。 中央目的事業主管機關或直轄市、縣（市）政府為第一項檢查時，得率同資訊、電信或法律等專業人員共同為之。 對於第一項及第二項之進入、檢查或處分，非公務機關及其相關人員不得規避、妨礙或拒絕。 參與檢查之人員，因檢查而知悉他人資料者，負保密義務。
第 23 條	對於前條第二項扣留物或複製物，應加封緘或其他標識，並為適當之處置；其不便搬運或保管者，得命人看守或交由所有人或其他適當之人保管。 扣留物或複製物已無留存之必要，或決定不予處罰或未為沒入之裁處者，應發還之。但應沒入或為調查他案應留存者，不在此限。
第 24 條	非公務機關、物之所有人、持有人、保管人或利害關係人對前二條之要求、強制、扣留或複製行為不服者，得向中央目的事業主管機關或直轄市、縣（市）政府聲明異議。

<table>
<tr><th colspan="2" align="center">條　　　　文</th></tr>
<tr>
<td>第 24 條</td>
<td>前項聲明異議，中央目的事業主管機關或直轄市、縣（市）政府認為有理由者，應立即停止或變更其行為；認為無理由者，得繼續執行。經該聲明異議之人請求時，應將聲明異議之理由製作紀錄交付之。
對於中央目的事業主管機關或直轄市、縣（市）政府前項決定不服者，僅得於對該案件之實體決定聲明不服時一併聲明之。但第一項之人依法不得對該案件之實體決定聲明不服時，得單獨對第一項之行為逕行提起行政訴訟。</td>
</tr>
<tr>
<td>第 25 條</td>
<td>非公務機關有違反本法規定之情事者，中央目的事業主管機關或直轄市、縣（市）政府除依本法規定裁處罰鍰外，並得為下列處分：
一、禁止蒐集、處理或利用個人資料。
二、命令刪除經處理之個人資料檔案。
三、沒入或命銷燬違法蒐集之個人資料。
四、公布非公務機關之違法情形，及其姓名或名稱與負責人。
中央目的事業主管機關或直轄市、縣（市）政府為前項處分時，應於防制違反本法規定情事之必要範圍內，採取對該非公務機關權益損害最少之方法為之。</td>
</tr>
<tr>
<td>第 26 條</td>
<td>中央目的事業主管機關或直轄市、縣（市）政府依第二十二條規定檢查後，未發現有違反本法規定之情事者，經該非公務機關同意後，得公布檢查結果。</td>
</tr>
<tr>
<td>第 27 條</td>
<td>非公務機關保有個人資料檔案者，應採行適當之安全措施，防止個人資料被竊取、竄改、毀損、滅失或洩漏。
中央目的事業主管機關得指定非公務機關訂定個人資料檔案安全維護計畫或業務終止後個人資料處理方法。
前項計畫及處理方法之標準等相關事項之辦法，由中央目的事業主管機關定之。</td>
</tr>
<tr>
<td colspan="2" align="center">第 四 章　損害賠償及團體訴訟</td>
</tr>
<tr>
<td>第 28 條</td>
<td>公務機關違反本法規定，致個人資料遭不法蒐集、處理、利用或其他侵害當事人權利者，負損害賠償責任。但損害因天災、事變或其他不可抗力所致者，不在此限。
被害人雖非財產上之損害，亦得請求賠償相當之金額；其名譽被侵害者，並得請求為回復名譽之適當處分。
依前二項情形，如被害人不易或不能證明其實際損害額時，得請求法院依侵害情節，以每人每一事件新臺幣五百元以上二萬元以下計算。
對於同一原因事實造成多數當事人權利受侵害之事件，經當事人請求損害賠償者，其合計最高總額以新臺幣二億元為限。但因該原因事實所涉利益超過新臺幣二億元者，以該所涉利益為限。
同一原因事實造成之損害總額逾前項金額時，被害人所受賠償金額，不受第三項所定每人每一事件最低賠償金額新臺幣五百元之限制。</td>
</tr>
</table>

241

	條　　　　文
第 28 條	第二項請求權，不得讓與或繼承。但以金額賠償之請求權已依契約承諾或已起訴者，不在此限。
第 29 條	非公務機關違反本法規定，致個人資料遭不法蒐集、處理、利用或其他侵害當事人權利者，負損害賠償責任。但能證明其無故意或過失者，不在此限。 依前項規定請求賠償者，適用前條第二項至第六項規定。
第 30 條	損害賠償請求權，自請求權人知有損害及賠償義務人時起，因二年間不行使而消滅；自損害發生時起，逾五年者，亦同。
第 31 條	損害賠償，除依本法規定外，公務機關適用國家賠償法之規定，非公務機關適用民法之規定。
第 32 條	依本章規定提起訴訟之財團法人或公益社團法人，應符合下列要件： 一、財團法人之登記財產總額達新臺幣一千萬元或社團法人之社員人數達一百人。 二、保護個人資料事項於其章程所定目的範圍內。 三、許可設立三年以上。
第 33 條	依本法規定對於公務機關提起損害賠償訴訟者，專屬該機關所在地之地方法院管轄。對於非公務機關提起者，專屬其主事務所、主營業所或住所地之地方法院管轄。 前項非公務機關為自然人，而其在中華民國現無住所或住所不明者，以其在中華民國之居所，視為其住所；無居所或居所不明者，以其在中華民國最後之住所，視為其住所；無最後住所者，專屬中央政府所在地之地方法院管轄。 第一項非公務機關為自然人以外之法人或其他團體，而其在中華民國現無主事務所、主營業所或主事務所、主營業所不明者，專屬中央政府所在地之地方法院管轄。
第 34 條	對於同一原因事實造成多數當事人權利受侵害之事件，財團法人或公益社團法人經受有損害之當事人二十人以上以書面授與訴訟實施權者，得以自己之名義，提起損害賠償訴訟。當事人得於言詞辯論終結前以書面撤回訴訟實施權之授與，並通知法院。 前項訴訟，法院得依聲請或依職權公告曉示其他因同一原因事實受有損害之當事人，得於一定期間內向前項起訴之財團法人或公益社團法人授與訴訟實施權，由該財團法人或公益社團法人於第一審言詞辯論終結前，擴張應受判決事項之聲明。 其他因同一原因事實受有損害之當事人未依前項規定授與訴訟實施權者，亦得於法院公告曉示之一定期間內起訴，由法院併案審理。

	條　　　　文
第 34 條	其他因同一原因事實受有損害之當事人，亦得聲請法院爲前項之公告。 前二項公告，應揭示於法院公告處、資訊網路及其他適當處所；法院認爲必要時，並得命登載於公報或新聞紙，或用其他方法公告之，其費用由國庫墊付。 依第一項規定提起訴訟之財團法人或公益社團法人，其標的價額超過新臺幣六十萬元者，超過部分暫免徵裁判費。
第 35 條	當事人依前條第一項規定撤回訴訟實施權之授與者，該部分訴訟程序當然停止，該當事人應即聲明承受訴訟，法院亦得依職權命該當事人承受訴訟。 財團法人或公益社團法人依前條規定起訴後，因部分當事人撤回訴訟實施權之授與，致其餘部分不足二十人者，仍得就其餘部分繼續進行訴訟。
第 36 條	各當事人於第三十四條第一項及第二項之損害賠償請求權，其時效應分別計算。
第 37 條	財團法人或公益社團法人就當事人授與訴訟實施權之事件，有爲一切訴訟行爲之權。但當事人得限制其爲捨棄、撤回或和解。 前項當事人中一人所爲之限制，其效力不及於其他當事人。 第一項之限制，應於第三十四條第一項之文書內表明，或以書狀提出於法院。
第 38 條	當事人對於第三十四條訴訟之判決不服者，得於財團法人或公益社團法人上訴期間屆滿前，撤回訴訟實施權之授與，依法提起上訴。 財團法人或公益社團法人於收受判決書正本後，應即將其結果通知當事人，並應於七日內將是否提起上訴之意旨以書面通知當事人。
第 39 條	財團法人或公益社團法人應將第三十四條訴訟結果所得之賠償，扣除訴訟必要費用後，分別交付授與訴訟實施權之當事人。 提起第三十四條第一項訴訟之財團法人或公益社團法人，均不得請求報酬。
第 40 條	依本章規定提起訴訟之財團法人或公益社團法人，應委任律師代理訴訟。
第五章　罰　則	
第 41 條	違反第六條第一項、第十五條、第十六條、第十九條、第二十條第一項規定，或中央目的事業主管機關依第二十一條限制國際傳輸之命令或處分，足生損害於他人者，處二年以下有期徒刑、拘役或科或併科新臺幣二十萬元以下罰金。 意圖營利犯前項之罪者，處五年以下有期徒刑，得併科新臺幣一百萬元以下罰金。

	條　　　　　文
第 42 條	意圖為自己或第三人不法之利益或損害他人之利益，而對於個人資料檔案為非法變更、刪除或以其他非法方法，致妨害個人資料檔案之正確而足生損害於他人者，處五年以下有期徒刑、拘役或科或併科新臺幣一百萬元以下罰金。
第 43 條	中華民國人民在中華民國領域外對中華民國人民犯前二條之罪者，亦適用之。
第 44 條	公務員假借職務上之權力、機會或方法，犯本章之罪者，加重其刑至二分之一。
第 45 條	本章之罪，須告訴乃論。但犯第四十一條第二項之罪者，或對公務機關犯第四十二條之罪者，不在此限。
第 46 條	犯本章之罪，其他法律有較重處罰規定者，從其規定。
第 47 條	非公務機關有下列情事之一者，由中央目的事業主管機關或直轄市、縣（市）政府處新臺幣五萬元以上五十萬元以下罰鍰，並令限期改正，屆期未改正者，按次處罰之： 一、違反第六條第一項規定。 二、違反第十九條規定。 三、違反第二十條第一項規定。 四、違反中央目的事業主管機關依第二十一條規定限制國際傳輸之命令或處分。
第 48 條	非公務機關有下列情事之一者，由中央目的事業主管機關或直轄市、縣（市）政府限期改正，屆期未改正者，按次處新臺幣二萬元以上二十萬元以下罰鍰： 一、違反第八條或第九條規定。 二、違反第十條、第十一條、第十二條或第十三條規定。 三、違反第二十條第二項或第三項規定。 四、違反第二十七條第一項或未依第二項訂定個人資料檔案安全維護計畫或業務終止後個人資料處理方法。
第 49 條	非公務機關無正當理由違反第二十二條第四項規定者，由中央目的事業主管機關或直轄市、縣（市）政府處新臺幣二萬元以上二十萬元以下罰鍰。
第 50 條	非公務機關之代表人、管理人或其他有代表權人，因該非公務機關依前三條規定受罰鍰處罰時，除能證明已盡防止義務者外，應並受同一額度罰鍰之處罰。

244

條　　　　文	
第六章　附　則	
第 51 條	有下列情形之一者，不適用本法規定： 一、自然人為單純個人或家庭活動之目的，而蒐集、處理或利用個人資料。 二、於公開場所或公開活動中所蒐集、處理或利用之未與其他個人資料結合之影音資料。 公務機關及非公務機關，在中華民國領域外對中華民國人民個人資料蒐集、處理或利用者，亦適用本法。
第 52 條	第二十二條至第二十六條規定由中央目的事業主管機關或直轄市、縣（市）政府執行之權限，得委任所屬機關、委託其他機關或公益團體辦理；其成員因執行委任或委託事務所知悉之資訊，負保密義務。 前項之公益團體，不得依第三十四條第一項規定接受當事人授與訴訟實施權，以自己之名義提起損害賠償訴訟。
第 53 條	本法所定特定目的及個人資料類別，由法務部會同中央目的事業主管機關指定之。
第 54 條	本法修正施行前非由當事人提供之個人資料，依第九條規定應於處理或利用前向當事人為告知者，應自本法修正施行之日起一年內完成告知，逾期未告知而處理或利用者，以違反第九條規定論處。
第 55 條	本法施行細則，由法務部定之。
第 56 條	本法施行日期，由行政院定之。 現行條文第十九條至第二十二條及第四十三條之刪除，自公布日施行。 前項公布日於現行條文第四十三條第二項指定之事業、團體或個人應於指定之日起六個月內辦理登記或許可之期間內者，該指定之事業、團體或個人得申請終止辦理，目的事業主管機關於終止辦理時，應退還已繳規費。 已辦理完成者，亦得申請退費。 前項退費，應自繳費義務人繳納之日起，至目的事業主管機關終止辦理之日止，按退費額，依繳費之日郵政儲金之一年期定期存款利率，按日加計利息，一併退還。已辦理完成者，其退費，應自繳費義務人繳納之日起，至目的事業主管機關核准申請之日止，亦同。

附錄B：【個人資料保護法施行細則】

細 則

電腦處理個人資料保護法施行細則(以下簡稱本細則)係於八十五年五月一日發布施行。鑒於電腦處理個人資料保護法已於九十九年五月二十六日修正公布，並將名稱修正為「個人資料保護法」(以下簡稱本法)，施行日期由行政院定之。為配合本法修正內容，除將本細則名稱修正為「個人資料保護法施行細則」外，為避免人格權受侵害，並促進個人資料之合理利用，以順利推動本法施行，爰擬具本細則修正草案，其修正要點如下：

一、增訂或修正本法用詞之定義。（修正條文第二條至第四條、第六條、第九條至第十一條、第十三條、第十七條、第十八條、第二十條、第二十五條、第二十七條、第二十八條、第三十一條）

二、增訂受委託蒐集、處理或利用個人資料之法人、團體或自然人，依委託機關應適用之規定為之；委託人應對受託者為適當之監督及監督至少應包含之事項。（修正條文第七條及第八條）

三、增訂本法所稱適當安全維護措施、安全維護事項或適當之安全措施之內涵及得包括之事項。（修正條文第十二條）

四、增訂本法第七條所定書面意思表示之方式，得以電子文件為之；當事人單獨所為之書面意思表示，蒐集者應於適當位置使其得以知悉其內容並確認同意。（修正條文第十四條、第十五條）

五、增訂本法規定告知方式之例示內容。（修正條文第十六條）

六、當事人向公務機關或非公務機關請求更正或補充其個人資料時，應為適當之釋明。（修正條文第十九條）

七、增訂本法第十二條所稱適當方式通知之內涵及應包括之內容。（修正條文第二十二條）

八、本法第十九條第一項第二款所定契約或類似契約之關係，不以本法修正施行後成立者為限。（修正條文第二十六條）

九、修正本法第二十二條規定實施檢查應注意之事項及程序規定。（修正條文第二十九條、第三十條）

十、增訂本法修正施行前已蒐集或處理由當事人提供之個人資料，於修正施行後，得繼續為處理及特定目的內之利用。（修正條文第三十二條）

第1條 本細則依個人資料保護法（以下簡稱本法）第五十五條規定訂定之。

第2條 本法所稱個人，指現生存之自然人。

第3條 本法第二條第一款所稱得以間接方式識別，指保有該資料之公務或非公務機關僅以該資料不能直接識別，須與其他資料對照、組合、連結等，始能識別該特定之個人。

第4條 本法第二條第一款所稱病歷之個人資料，指醫療法第六十七條第二項所列之各款資料。

細	則

　　本法第二條第一款所稱醫療之個人資料，指病歷及其他由醫師或其他之醫事人員，以治療、矯正、預防人體疾病、傷害、殘缺為目的，或其他醫學上之正當理由，所為之診察及治療；或基於以上之診察結果，所為處方、用藥、施術或處置所產生之個人資料。

　　本法第二條第一款所稱基因之個人資料，指由人體一段去氧核醣核酸構成，為人體控制特定功能之遺傳單位訊息。

　　本法第二條第一款所稱性生活之個人資料，指性取向或性慣行之個人資料。

　　本法第二條第一款所稱健康檢查之個人資料，指非針對特定疾病進行診斷或治療之目的，而以醫療行為施以檢查所產生之資料。

　　本法第二條第一款所稱犯罪前科之個人資料，指經緩起訴、職權不起訴或法院判決有罪確定、執行之紀錄。

第 5 條 本法第二條第二款所定個人資料檔案，包括備份檔案。

第 6 條 本法第二條第四款所稱刪除，指使已儲存之個人資料自個人資料檔案中消失。

　　本法第二條第四款所稱內部傳送，指公務機關或非公務機關本身內部之資料傳送。

第 7 條 受委託蒐集、處理或利用個人資料之法人、團體或自然人，依委託機關應適用之規定為之。

第 8 條 委託他人蒐集、處理或利用個人資料時，委託機關應對受託者為適當之監督。

　　前項監督至少應包含下列事項：

一、預定蒐集、處理或利用個人資料之範圍、類別、特定目的及其期間。

二、受託者就第十二條第二項採取之措施。

三、有複委託者，其約定之受託者。

四、受託者或其受僱人違反本法、其他個人資料保護法律或其法規命令時，應向委託機關通知之事項及採行之補救措施。

五、委託機關如對受託者有保留指示者，其保留指示之事項。

六、委託關係終止或解除時，個人資料載體之返還，及受託者履行委託契約以儲存方式而持有之個人資料之刪除。

　　第一項之監督，委託機關應定期確認受託者執行之狀況，並將確認結果記錄之。

　　受託者僅得於委託機關指示之範圍內，蒐集、處理或利用個人資料。受託者認委託機關之指示有違反本法、其他個人資料保護法律或其法規命令者，應立即通知委託機關。

第9條 本法第六條第一項第一款、第八條第二項第一款、第十六條第一項第一款、第十九條第一項第一款、第二十條第一項第一款所稱法律，指法律或法律具體明確授權之法規命令。

第10條 本法第六條第一項第二款、第八條第二項第二款及第三款、第十條第二款、第十五條第一款、第十六條所稱法定職務，指於下列法規中所定公務機關之職務：

一、法律、法律授權之命令。

二、自治條例。

三、法律或自治條例授權之自治規則。

四、法律或中央法規授權之委辦規則。

第11條 本法第六條第一項第二款、第八條第二項第二款所稱法定義務，指非公務機關依法律或法律具體明確授權之法規命令所定之義務。

第12條 本法第六條第一項第二款所稱適當安全維護措施、第十八條所稱安全維護事項、第二十七條第一項所稱適當之安全措施，指公務機關或非公務機關為防止個人資料被竊取、竄改、毀損、滅失或洩漏，採取技術上及組織上之措施。

前項措施，得包括下列事項，並以與所欲達成之個人資料保護目的間，具有適當比例為原則：

一、配置管理之人員及相當資源。

二、界定個人資料之範圍。

三、個人資料之風險評估及管理機制。

四、事故之預防、通報及應變機制。

五、個人資料蒐集、處理及利用之內部管理程序。

六、資料安全管理及人員管理。

七、認知宣導及教育訓練。

八、設備安全管理。

九、資料安全稽核機制。

十、使用紀錄、軌跡資料及證據保存。

十一、個人資料安全維護之整體持續改善。

第13條 本法第六條第一項第三款、第九條第二項第二款、第十九條第一項第三款所稱當事人自行公開之個人資料，指當事人自行對不特定人或特定多數人揭露其個人資料。

細	則

本法第六條第一項第三款、第九條第二項第二款、第十九條第一項第三款所稱已合法公開之個人資料，指依法律或法律具體明確授權之法規命令所公示、公告或以其他合法方式公開之個人資料。

第14條 本法第七條所定書面意思表示之方式，依電子簽章法之規定，得以電子文件為之。

第15條 本法第七條第二項所定單獨所為之書面意思表示，如係與其他意思表示於同一書面為之者，蒐集者應於適當位置使當事人得以知悉其內容並確認同意。

第16條 依本法第八條、第九條及第五十四條所定告知之方式，得以言詞、書面、電話、簡訊、電子郵件、傳真、電子文件或其他足以使當事人知悉或可得知悉之方式為之。

第17條 本法第九條第二項第四款、第十六條但書第五款、第十九條第一項第四款及第二十條第一項但書第五款所稱資料經過處理後或依其揭露方式無從識別特定當事人，指個人資料以代碼、匿名、隱藏部分資料或其他方式，無從辨識該特定個人。

第18條 本法第十條第三款所稱妨害第三人之重大利益，指有害於第三人個人之生命、身體、自由、財產或其他重大利益。

第19條 當事人依本法第十一條第一項規定向公務機關或非公務機關請求更正或補充其個人資料時，應為適當之釋明。

第20條 本法第十一條第三項所稱特定目的消失，指下列各款情形之一：

一、公務機關經裁撤或改組而無承受業務機關。

二、非公務機關歇業、解散而無承受機關，或所營事業營業項目變更而與原蒐集目的不符。

三、特定目的已達成而無繼續處理或利用之必要。

四、其他事由足認該特定目的已無法達成或不存在。

第21條 有下列各款情形之一者，屬於本法第十一條第三項但書所定因執行職務或業務所必須：

一、有法令規定或契約約定之保存期限。

二、有理由足認刪除將侵害當事人值得保護之利益。

三、其他不能刪除之正當事由。

第22條 本法第十二條所稱適當方式通知，指即時以言詞、書面、電話、簡訊、電子郵件、傳真、電子文件或其他足以使當事人知悉或可得知悉之方式為之。但需費過鉅者，得斟酌技術之可行性與當事人隱私之保護，以網際網路、新聞媒體或其他適當公開方式為之。

依本法第十二條規定通知當事人，其內容應包括個人資料被侵害之事實及已採取之因應措施。

第23條 公務機關依本法第十七條規定為公開，應於建立個人資料檔案後一個月內為之；變更時，亦同。公開方式應予以特定，並避免任意變更。

本法第十七條所稱其他適當方式，指利用政府公報、新聞紙、雜誌、電子報或其他可供公眾查閱之方式為公開。

第24條 公務機關保有個人資料檔案者，應訂定個人資料安全維護規定。

第25條 公本法第十八條所稱專人，指具有管理及維護個人資料檔案之能力，且足以擔任機關之個人資料檔案安全維護經常性工作之人員。

公務機關為使專人具有辦理安全維護事項之能力，應辦理或使專人接受相關專業之教育訓練。

第26條 本法第十九條第一項第二款所定契約或類似契約之關係，不以本法修正施行後成立者為限。

第27條 本法第十九條第一項第二款所定契約關係，包括本約，及非公務機關與當事人間為履行該契約，所涉及必要第三人之接觸、磋商或聯繫行為及給付或向其為給付之行為。

本法第十九條第一項第二款所稱類似契約之關係，指下列情形之一者：

一、非公務機關與當事人間於契約成立前，為準備或商議訂立契約或為交易之目的，所進行之接觸或磋商行為。

二、契約因無效、撤銷、解除、終止而消滅或履行完成時，非公務機關與當事人為行使權利、履行義務，或確保個人資料完整性之目的所為之連繫行為。

第28條 本法第十九條第一項第七款所稱一般可得之來源，指透過大眾傳播、網際網路、新聞、雜誌、政府公報及其他一般人可得知悉或接觸而取得個人資料之管道。

第29條 依本法第二十二條規定實施檢查時，應注意保守秘密及被檢查者之名譽。

細	則

第30條 依本法第二十二條第二項規定,扣留或複製得沒入或可為證據之個人資料或其檔案時,應掣給收據,載明其名稱、數量、所有人、地點及時間。

依本法第二十二條第一項及第二項規定實施檢查後,應作成紀錄。

前項紀錄當場作成者,應使被檢查者閱覽及簽名,並即將副本交付被檢查者;其拒絕簽名者,應記明其事由。

紀錄於事後作成者,應送達被檢查者,並告知得於一定期限內陳述意見。

第31條 本法第五十二條第一項所稱之公益團體,指依民法或其他法律設立並具備個人資料保護專業能力之公益社團法人、財團法人及行政法人。

第32條 本法修正施行前已蒐集或處理由當事人提供之個人資料,於修正施行後,得繼續為處理及特定目的內之利用;其為特定目的外之利用者,應依本法修正施行後之規定為之。

第33條 本細則施行日期,由法務部定之。

筆記

附錄C：【個人資料保護法之特定目的及個人資料之類別】

▶特別目的

代 號	修 正 特 定 目 的 項 目
001	人身保險
002	人事管理(包含甄選、離職及所屬員工基本資訊、現職、學經歷、考試分發、終身學習訓練進修、考績獎懲、銓審、薪資待遇、差勤、福利措施、褫奪公權、特殊查核或其他人事措施)
003	入出國及移民
004	土地行政
005	工程技術服務業之管理
006	工業行政
007	不動產服務
008	中小企業及其他產業之輔導
009	中央銀行監理業務
010	公立與私立慈善機構管理
011	公共造產業務
012	公共衛生或傳染病防治
013	公共關係
014	公職人員財產申報、利益衝突迴避及政治獻金業務
015	戶政
016	文化行政
017	文化資產管理
018	水利、農田水利行政
019	火災預防與控制、消防行政
020	代理與仲介業務

代　號	修正特定目的項目
021	外交及領事事務
022	外匯業務
023	民政
024	民意調查
025	犯罪預防、刑事偵查、執行、矯正、保護處分、犯罪被害人保護或更生保護事務
026	生態保育
027	立法或立法諮詢
028	交通及公共建設行政
029	公民營(辦)交通運輸、公共運輸及公共建設
030	仲裁
031	全民健康保險、勞工保險、農民保險、國民年金保險或其他社會保險
032	刑案資料管理
033	多層次傳銷經營
034	多層次傳銷監管
035	存款保險
036	存款與匯款
037	有價證券與有價證券持有人登記
038	行政執行
039	行政裁罰、行政調查
040	行銷(包含金控共同行銷業務)
041	住宅行政

代號	修正特定目的項目
042	兵役、替代役行政
043	志工管理
044	投資管理
045	災害防救行政
046	供水與排水服務
047	兩岸暨港澳事務
048	券幣行政
049	宗教、非營利組織業務
050	放射性物料管理
051	林業、農業、動植物防疫檢疫、農村再生及土石流防災管理
052	法人或團體對股東、會員(含股東、會員指派之代表)、董事、監察人、理事、監事或其他成員名冊之內部管理
053	法制行政
054	法律服務
055	法院執行業務
056	法院審判業務
057	社會行政
058	社會服務或社會工作
059	金融服務業依法令規定及金融監理需要，所為之蒐集處理及利用
060	金融爭議處理
061	金融監督、管理與檢查
062	青年發展行政

代 號	修正特定目的項目
063	非公務機關依法定義務所進行個人資料之蒐集處理及利用
064	保健醫療服務
065	保險經紀、代理、公證業務
066	保險監理
067	信用卡、現金卡、轉帳卡或電子票證業務
068	信託業務
069	契約、類似契約或其他法律關係事務
070	客家行政
071	建築管理、都市更新、國民住宅事務
072	政令宣導
073	政府資訊公開、檔案管理及應用
074	政府福利金或救濟金給付行政
075	科技行政
076	科學工業園區、農業科技園區、文化創業園區、生物科技園區或其他園區管理行政
077	訂位、住宿登記與購票業務
078	計畫、管制考核與其他研考管理
079	飛航事故調查
080	食品、藥政管理
081	個人資料之合法交易業務
082	借款戶與存款戶存借作業綜合管理
083	原住民行政

代 號	修正特定目的項目
084	捐供血服務工
085	旅外國人急難救助
086	核子事故應變
087	核能安全管理
088	核貸與授信業務
089	海洋行政
090	消費者、客戶管理與服務
091	消費者保護
092	畜牧行政
093	財產保險
094	財產管理
095	財稅行政
096	退除役官兵輔導管理及其眷屬服務照顧
097	退撫基金或退休金管理
098	商業與技術資訊
099	國內外交流業務
100	國家安全行政、安全查核、反情報調查
101	國家經濟發展業務
102	國家賠償行政
103	專門職業及技術人員之管理、懲戒與救濟
104	帳務管理及債權交易業務

代 號	修正特定目的項目
105	彩券業務
106	授信業務
107	採購與供應管理
108	救護車服務
109	教育或訓練行政
110	產學合作
111	票券業務
112	票據交換業務
113	陳情、請願、檢舉案件處理
114	勞工行政
115	博物館、美術館、紀念館或其他公、私營造物業務
116	場所進出安全管理
117	就業安置、規劃與管理
118	智慧財產權、光碟管理及其他相關行政
119	發照與登記
120	稅務行政
121	華僑資料管理
122	訴願及行政救濟
123	貿易推廣及管理
124	鄉鎮市調解
125	傳播行政與管理

代 號	修 正 特 定 目 的 項 目
126	債權整貼現及收買業務
127	募款 (包含公益勸募)
128	廉政行政
129	會計與相關服務
130	會議管理
131	經營郵政業務郵政儲匯保險業務
132	經營傳播業務
133	經營電信業務與電信加值網路業務
134	試務、銓敘、保訓行政
135	資(通)訊服務
136	資(通)訊與資料庫管理
137	資通安全與管理
138	農產品交易
139	農產品推廣資訊
140	農糧行政
141	遊說業務行政
142	運動、競技活動
143	運動休閒業務
144	電信及傳播監理
145	僱用與服務管理
146	圖書館、出版品管理

代　號	修正特定目的項目
147	漁業行政
148	網路購物及其他電子商務服務
149	蒙藏行政
150	輔助性與後勤支援管理
151	審計、監察調查及其他監察業務
152	廣告或商業行為管理
153	影視、音樂與媒體管理
154	徵信
155	標準、檢驗、度量衡行政
156	衛生行政
157	調查、統計與研究分析
158	學生（員）(含畢、結業生)資料管理
159	學術研究
160	憑證業務管理
161	輻射防護
162	選民服務管理
163	選舉、罷免及公民投票行政
164	營建業之行政管理
165	環境保護
166	證券、期貨、證券投資信託及顧問相關業務
167	警政

代 號	修正特定目的項目
168	護照、簽證及文件證明處理
169	體育行政
170	觀光行政、觀光旅館業、旅館業、旅行業、觀光遊樂業及民宿經營管理業務
171	其他中央政府機關暨所屬機關構內部單位管理、公共事務監督、行政協助及相關業務
172	其他公共部門(包括行政法人、政府捐助財團法人及其他公法人)執行相關業務
173	其他公務機關對目的事業之監督管理
174	其他司法行政
175	其他地方政府機關暨所屬機關構內部單位管理、公共事務監督、行政協助及相關業務
176	其他自然人基於正當性目的所進行個人資料之蒐集處理及利用
177	其他金融管理業務
178	其他財政收入
179	其他財政服務
180	其他經營公共事業(例如:自來水、瓦斯等)業務
181	其他經營合於營業登記項目或組織章程所定之業務
182	其他諮詢與顧問服務

▶ 類　別

代號：識別類

C○○一：辨識個人者。

例如：姓名、職稱、住址、工作地址、以前地址、住家電話號碼、行動電話、即時通帳號、網路平臺申請之帳號、通訊及戶籍地址、相片、指紋、電子郵遞地址、電子簽章、憑證卡序號、憑證序號、提供網路身分認證或申辦查詢服務之紀錄及其他任何可辨識資料本人者等。

C○○二：辨識財務者。

例如：金融機構帳戶之號碼與姓名、信用卡或簽帳卡之號碼、保險單號碼、個人之其他號碼或帳戶等。

C○○三：政府資料中之辨識者。

例如：身分證統一編號、統一證號、稅籍編號、保險憑證號碼、殘障手冊號碼、退休證之號碼、證照號碼、護照號碼等。

代號：特徵類

C○一一：個人描述。

例如：年齡、性別、出生年月日、出生地、國籍、聲音等。

C○一二：身體描述。

例如：身高、體重、血型等。

C○一三：習慣。

例如：抽煙、喝酒等。

C○一四：個性。

例如：個性等之評述意見。

代號：家庭情形

C○二一：家庭情形。

例如：結婚有無、配偶或同居人之姓名、前配偶或同居人之姓名、結婚之日期、子女之人數等。

C○二二：婚姻之歷史。

例如：前次婚姻或同居、離婚或分居等細節及相關人之姓名等。

C○二三：家庭其他成員之細節。

例如：子女、受扶養人、家庭其他成員或親屬、父母、同居人及旅居國外及大陸人民親屬等。

C○二四：其他社會關係。

例如：朋友、同事及其他除家庭以外之關係等。

C○三一：住家及設施。
例如：住所地址、設備之種類、所有或承租、住用之期間、租金或稅率及其他花費在房屋上之支出、房屋之種類、價值及所有人之姓名等。

C○三二：財產。
例如：所有或具有其他權利之動產或不動產等。

C○三三：移民情形。
例如：護照、工作許可文件、居留證明文件、住居或旅行限制、入境之條件及其他相關細節等。

C○三四：旅行及其他遷徙細節。
例如：過去之遷徙、旅行細節、外國護照、居留證明文件及工作證照及工作證等相關細節等。

C○三五：休閒活動及興趣。
例如：嗜好、運動及其他興趣等。

C○三六：生活格調。
例如：使用消費品之種類及服務之細節、個人或家庭之消費模式等。

C○三七：慈善機構或其他團體之會員資格。
例如：俱樂部或其他志願團體或持有參與者紀錄之單位等。

C○三八：職業。
例如：學校校長、民意代表或其他各種職業等。

C○三九：執照或其他許可。
例如：駕駛執照、行車執照、自衛槍枝使用執照、釣魚執照等。

C○四○：意外或其他事故及有關情形。
例如：意外事件之主體、損害或傷害之性質、當事人及證人等。

C○四一：法院、檢察署或其他審判機關或其他程序。
例如：關於資料主體之訴訟及民事或刑事等相關資料等。

C○五一：學校紀錄。
例如：大學、專科或其他學校等。

C○五二：資格或技術。
例如：學歷資格、專業技術、特別執照 (如飛機駕駛執照等)、政府職訓機構學習過程、國家考試、考試成績或其他訓練紀錄等。

代號：教育、考選、技術或其他專業

C○五三：職業團體會員資格。
例如：會員資格類別、會員資格紀錄、參加之紀錄等。

C○五四：職業專長。
例如：專家、學者、顧問等。

C○五五：委員會之會員資格。
例如：委員會之詳細情形、工作小組及會員資格因專業技術而產生之情形等。

C○五六：著作。
例如：書籍、文章、報告、視聽出版品及其他著作等。

C○五七：學生(員)、應考人紀錄。
例如：學習過程、相關資格、考試訓練考核及成績、評分評語或其他學習或考試紀錄等。

C○五八：委員工作紀錄。
例如：委員參加命題、閱卷、審查、口試及其他試務工作情形記錄。

代號：受僱情形

C○六一：現行之受僱情形。
例如：僱主、工作職稱、工作描述、等級、受僱日期、工時、工作地點、產業特性、受僱之條件及期間、與現行僱主有關之以前責任與經驗等。

C○六二：僱用經過。
例如：日期、受僱方式、介紹、僱用期間等。

C○六三：離職經過。
例如：離職之日期、離職之原因、離職之通知及條件等。

C○六四：工作經驗。
例如：以前之僱主、以前之工作、失業之期間及軍中服役情形等。

C○六五：工作、差勤紀錄。
例如：上、下班時間及事假、病假、休假、娩假各項請假紀錄在職紀錄或未上班之理由、考績紀錄、獎懲紀錄、褫奪公權資料等。

C○六六：健康與安全紀錄。
例如：職業疾病、安全、意外紀錄、急救資格、旅外急難救助資訊等。

代號：受僱情形
C○六七：工會及員工之會員資格。 例如：會員資格之詳情、在工會之職務等。
C○六八：薪資與預扣款。 例如：薪水、工資、佣金、紅利、費用、零用金、福利、借款、繳稅情形、年金之扣繳、工會之會費、工作之基本工資或工資付款之方式、加薪之日期等。
C○六九：受僱人所持有之財產。 例如：交付予受僱人之汽車、工具、書籍或其他設備等。
C○七○：工作管理之細節。 例如：現行義務與責任、工作計畫、成本、用人費率、工作分配與期間、工作或特定工作所花費之時間等。
C○七一：工作之評估細節。 例如：工作表現與潛力之評估等。
C○七二：受訓紀錄。 例如：工作必須之訓練與已接受之訓練，已具有之資格或技術等。
C○七三：安全細節。 例如：密碼、安全號碼與授權等級等。

代號：財務細節
C○八一：收入、所得、資產與投資。 例如：總收入、總所得、賺得之收入、賺得之所得、資產、儲蓄、開始日期與到期日、投資收入、投資所得、資產費用等。
C○八二：負債與支出。 例如：支出總額、租金支出、貸款支出、本票等信用工具支出等。
C○八三：信用評等。 例如：信用等級、財務狀況與等級、收入狀況與等級等。
C○八四：貸款。 例如：貸款類別、貸款契約金額、貸款餘額、初貸日、到期日、應付利息、付款紀錄、擔保之細節等。
C○八五：外匯交易紀錄。
C○八六：票據信用。 例如：支票存款、基本資料、退票資料、拒絕往來資料等。

代號：財務細節

C○八七：津貼、福利、贈款。

C○八八：保險細節。
例如：保險種類、保險範圍、保險金額、保險期間、到期日、保險費、保險給付等。

C○八九：社會保險給付、就養給付及其他退休給付。
例如：生效日期、付出與收入之金額、受益人等。

C○九一：資料主體所取得之財貨或服務。
例如：貨物或服務之有關細節、資料主體之貸款或僱用等有關細節等。

C○九二：資料主體提供之財貨或服務。
例如：貨物或服務之有關細節等。

C○九三：財務交易。
例如：收付金額、信用額度、保證人、支付方式、往來紀錄、保證金或其他擔保等。

C○九四：賠償。
例如：受請求賠償之細節、數額等。

代號：商業資訊

C一○一：資料主體之商業活動。
例如：商業種類、提供或使用之財貨或服務、商業契約等。

C一○二：約定或契約。
例如：關於交易、商業、法律或其他契約、代理等。

C一○三：與營業有關之執照。
例如：執照之有無、市場交易者之執照、貨車駕駛之執照等。

代號：健康與其他

C一一一：健康紀錄。
例如：醫療報告、治療與診斷紀錄、檢驗結果、身心障礙種類、等級、有效期間、身心障礙手冊證號及聯絡人等。

C一一二：性生活。

C一一三：種族或血統來源。
例如：去氧核糖核酸資料等。

C一一四：交通違規之確定裁判及行政處分。
例如：裁判及行政處分之內容、其他與肇事有關之事項等。

代號：健康與其他
C一一五：其他裁判及行政處分。 例如：裁判及行政處分之內容、其他相關事項等。
C一一六：犯罪嫌疑資料。 例如：作案之情節、通緝資料、與已知之犯罪者交往、化名、足資證明之證據等。
C一一七：政治意見。 例如：政治上見解、選舉政見等。
C一一八：政治團體之成員。 例如：政黨黨員或擔任之工作等。
C一一九：對利益團體之支持。 例如：係利益團體或其他組織之會員、支持者等。
C一二〇：宗教信仰。
C一二一：其他信仰。 代　號　其他各類資訊：

代號：其他各類資訊
C一三一：書面文件之檢索。 例如：未經自動化機器處理之書面文件之索引或代號等。
C一三二：未分類之資料。 例如：無法歸類之信件、檔案、報告或電子郵件等。
C一三三：輻射劑量資料。 例如：人員或建築之輻射劑量資料等。
C一三四：國家情報工作資料。 例如：國家情報工作法、國家情報人員安全查核辦法等有關資料。

《圖解法學緒論》

法學緒論難讀易混淆
圖例解析一次就看懂

　　法學緒論難以拿高分最大的問題在於範圍太廣，憲法、行政法、民法、刑法這四科，就讓人望而生畏、頭暈目眩了。筆者將多年分析的資料整理起來，將考過的菁華考題與解析集結成冊，讓讀者能隨時獲得最新的考題資訊。

《圖解行政法》

行政法體系龐雜包羅萬象
圖解行政法一本融會貫通

　　本書以考試實務為出發點，以理解行政法的概念為目標。輔以淺顯易懂的解說與一看就懂的圖解，再加上耳熟能詳的實例解說，讓你一次看懂法條間的細微差異。使你實力加分，降低考試運氣的比重，那麼考上的機會就更高了。

《圖解憲法》

憲法理論綿密複雜難懂
圖例解題讓你即學即用

　　反省傳統教科書與考試用書的缺點，將近年重要的憲法考題彙整，找出考試趨勢，再循著這條趨勢的脈絡，參酌憲法的基本架構，堆疊出最適合學習的憲法大綱，透過網路建置一套完整的資料增補平台，成為全面性的數位學習工具。

最深入淺出的國考用書

《圖解民法》

民法千百條難記易混淆
分類圖解後一次全記牢

　　本書以考試實務為出發點，由時間的安排、準備，到民法的體系與記憶技巧。並輔以淺顯易懂的解說與一看就懂的圖解，再加上耳熟能詳的實例解說，讓你一次看懂法條間的細微差異。

《圖解刑法》

誰說刑法難讀不易了解？
圖解刑法讓你一看就懂！

　　本書以圖像式的閱讀，有趣的經典實際案例，配合輕鬆易懂的解說，以及近年來的國家考試題目，讓讀者可將刑法的基本觀念印入腦海中。還可以強化個人學習的效率，抓準出題的方向。

《圖解系列》

《圖解刑事訴訟》

刑事訴訟法難讀易混淆
圖解案例讓你一次就懂

　　競爭激烈的國家考試，每一分都很重要，不但要拼運氣，更要拼實力。如果你是刑事訴訟法的入門學習者，本書的圖像式記憶，將可有效且快速地提高你的實力，考上的機率也就更高了。

《圖解國文》

典籍一把抓、作文隨手寫
輕鬆掌握國考方向與概念

　　國文，是一切國家考試的基礎。習慣文言文的用語與用法，對題目迎刃而解的機率會提高很多，本書整理了古文名篇，以插圖方式生動地加深讀者印象，熟讀本書可讓你快速地掌握考試重點。

《圖解數位證據》

讓法律人能輕鬆學習
數位證據的攻防策略

數位證據與電腦鑑識領域一直未獲國內司法機關重視，主因在於法律人普遍不瞭解數位證據，導致實務上欠缺審理之能力。希望藉由本書能讓法律人迅速瞭解數位證據問題的癥結所在，以利法庭攻防。

《資訊法律達人》

上傳影音合法嗎？盜版軟體該不該用？詐騙資訊怎分辨？木馬程式如何防範？

現代人的工作與生活，已經離不開電腦以及網路，你可知道由連上網路、瀏覽網頁、撰寫部落格、到下載及分享mp3，可能觸犯了多少法律規範及危機？本書深入淺出的告訴你該如何預防及事後處理。

《圖解不動產買賣》

買房子一定要知道的100則基本常識！
■法律達人說：這是一本讓你一看就懂的工具書

大多數的購屋者都是第一次，可是卻因為資訊的不透明，房地產業者拖延了許多重要法律的制定，導致購屋者成為待宰羔羊。筆者希望本書能讓購屋者照著書中的提示，在購屋過程中了解自己在法律架構下應有的權利。

國家圖書館出版品預行編目資料

圖解個人資料保護法：維護權益的第一本書／錢世傑著.
第一版. -- 臺中市：十力文化，2013.01
面；公分--
ISBN　978-986-88216-5-1（平裝）
1.資訊法規　2.資訊安全
312.023　　　　　　　　　　　　　101025443

圖解法律系列　S302

圖解個人資料保護法／維護權益的第一本書

作　　　者　錢世傑

責任編輯　林子雁
封面設計　陳鶯萍
插　　畫　劉鑫鋒
行銷企劃　黃信榮

出 版 者　十力文化出版有限公司

發 行 人　劉叔宙
公司地址　台中市南屯區文心路一段186號4樓之2
聯絡地址　11699台北郵政 93-357信箱
劃撥帳號　50073947
電　　話　(02)8933-1916
網　　址　www.omnibooks.com.tw
電子郵件　omnibooks.co@gmail.com
電腦排版　陳鶯萍工作室
電　　話　(02)2357-0301

ISBN　978-986-88216-5-1

出版日期　第一版第一刷　2013 年元月 3 日
定　　價　350元

地址：

姓名：

十力文化出版有限公司　企劃部收

地址：台北郵政 93-357 號信箱

傳真：（02）8933-1916

E-mail ： Omnibooks.co@gmail.com

　　無論你是誰，都感謝你購買本公司的書籍，如果你能再提供一點點資料和建議，我們不但可以做得更好，而且也不會忘記你的寶貴想法喲！

姓名／　　　　　　　　　　性別／□女□男　　生日／　　　年　　　月　　　日
聯絡地址／　　　　　　　　　　　　　　　　連絡電話／
電子郵件／

職業／□學生　　　　□教師　　　□內勤職員　　□家庭主婦　　□家庭主夫
　　　□在家上班族　□企業主管　□負責人　　　□服務業　　　□製造業
　　　□醫療護理　　□軍警　　　□資訊業　　　□業務銷售　　□以上皆是
　　　□以上皆非　　□請你猜猜看
　　　□其他：

你為何知道這本書以及它是如何到你手上的？
　　　請先填書名：
　　　□逛書店看到　　□廣播有介紹　　□聽到別人說　　□書店海報推薦
　　　□出版社推銷　　□網路書店有打折　□專程去買的　　□朋友送的　　□撿到的

你為什麼買這本書？
　　　□超便宜　　　□贈品很不錯　　□我是有為青年　□我熱愛知識　□內容好感人
　　　□作者我認識　□我家就是圖書館　□以上皆是　　　□以上皆非
　　　其他好理由：

哪類書籍你買的機率最高？
　　　□哲學　　　□心理學　　□語言學　　□分類學　　□行為學
　　　□宗教　　　□法律　　　□人際關係　□自我成長　□靈修
　　　□型態學　　□大眾文學　□小眾文學　□財務管理　□求職
　　　□計量分析　□資訊　　　□流行雜誌　□運動　　　□原住民
　　　□散文　　　□政府公報　□名人傳記　□奇聞逸事　□把哥把妹
　　　□醫療保健　□標本製作　□小動物飼養　□和賺錢有關　□和花錢有關
　　　□自然生態　□地理天文　□有圖有文　□真人真事
　　　請你自己寫：

12/26 鋁 350 R